THE LEGEND OF FREUD
EXPANDED EDITION

弗洛伊德传奇
（增订本）

〔美〕塞缪尔·韦伯（Samuel Weber） 著
郭侃俊 译

北京大学出版社
PEKING UNIVERSITY PRESS

著作权合同登记号 图字：01-2008-5591

图书在版编目(CIP)数据

弗洛伊德传奇：增订本 /（美）塞缪尔·韦伯著；郭侃俊译. —— 北京：北京大学出版社，2022.3
（未名译库）
ISBN 978-7-301-32581-0

Ⅰ. ①弗… Ⅱ. ①塞… ②郭… Ⅲ. ①弗洛伊德（Freud, Sigmund 1856-1939）- 精神分析 Ⅳ. ① B84-065

中国版本图书馆 CIP 数据核字 (2021) 第 216547 号

THE LEGEND OF FREUD, Expanded Edition by Samuel Weber was originally published in English by Stanford University Press.
Copyright © 2000 by the Board of Trustees of the Leland Stanford Junior University. All rights reserved.
This translation is published by arrangement with Stanford University Press, www.sup.org
Simplified Chinese translation copyright © 2022 by Peking University Press.
All Rights Reserved.
本书中文简体字版经授权由北京大学出版社限在中华人民共和国境内（不包括香港特别行政区、澳门特别行政区和台湾）独家出版发行。

书　　　名	弗洛伊德传奇（增订本）
	FULUOYIDE CHUANQI（ZENGDING BEN）
著作责任者	（美）塞缪尔·韦伯（Samuel Weber）著　郭侃俊译
责任编辑	李书雅
标准书号	ISBN 978-7-301-32581-0
出版发行	北京大学出版社
地　　　址	北京市海淀区成府路 205 号　100871
网　　　址	http://www.pup.cn　新浪微博：@北京大学出版社　@阅读培文
电子信箱	pkupw@qq.com
电　　　话	邮购部 010-62752015　发行部 010-62750672　编辑部 010-62750883
印　刷　者	天津光之彩印刷有限公司
经　销　者	新华书店
	880 毫米 ×1230 毫米　32 开本　10.5 印张　234 千字
	2022 年 3 月第 1 版　2022 年 3 月第 1 次印刷
定　　　价	69.00 元

未经许可，不得以任何方式复制或抄袭本书之部分或全部内容。
版权所有，侵权必究
举报电话：010-62752024　电子信箱：fd@pup.pku.edu.cn
图书如有印装质量问题，请与出版部联系，电话：010-62756570

·谨以此书献给·

雅克·德里达（Jacques Derrida）
以表示对他的钦佩和友谊

我感到呼吸困难、无法挣扎，
祈求天使停下，
此后他就这样做了。
但我并没有成为强者，
不过自那时起我明显地可以跛行了。

——西格蒙德·弗洛伊德（Sigmund Freud）

序

在其《什么是作者》(*What is an Author?*)一文中,米歇尔·福柯(Michel Foucault)描述了科学学科的创立与他所称的话语实践的创始之间的区别。他说,"在科学学科中,开创行为与其未来的发展演变处于同等地位:这一行为本身仅仅是它使之成为可能的多种变革的一部分"。学科创立者对研究范围有一个明确的限定,后继者在这个范围内或围绕相关领域展开研究工作,深入挖掘该学科的内在含义,"重新发现"与"通行知识形式"类似的内容,或将创始者的话语重新嵌入"一个全新领域",这个过程,福柯称之为"重新激活"。然而话语实践的情况却截然不同:

> 话语实践的创始……其光辉地位使其后来的发展和转变黯然失色,必然会与后者相分离……如果我们需要回归,那是出于一种根本性的、建构性的遗漏,而不是偶然性的或由于难以理解所导致的结果。实际上,创始行为本质上就是如此,它不可避免地受到自身扭曲变形的影响……因遗漏而造成的障碍并非来自外部,它来自所讨论的话语,这种话语

赋予它自身的法则……此外，它始终是对文本自身的一个回归……特别关注那些出现在文本间隙中的东西，那些空白（论述不够填密）和表达中所缺失的东西。我们回归到那些空白的空间，它们被遗漏所掩盖，或被有误导性的虚假的充足感所隐匿。①

福柯称马克思（Marx）和弗洛伊德是话语实践创始者的典范，他可能是在转述后者对梦的解析的论述。弗洛伊德教导说，要想对梦或者其他任何一种无意识的表述做出解释，就要"回归"到一种不仅是被扭曲的、面目全非的（entstellt），而且通过制造出一种带有"误导性的、虚假的充足感"的外表来对这种扭曲进行二次扭曲的文本中去。而且，这样一个"回归"只能通过参与这些扭曲过程——通过重复这些过程，即通过改变这些过程——来揭示这些扭曲的真相。

尽管此类自我掩饰的扭曲行为，长久以来都被人们看作弗洛伊德精神分析所特有的研究对象，然而近年来，该扭曲行为的概念领域被扩展，并将精神分析话语的运作本身也纳入其中。雅克·拉康（Jacques Lacan）与雅克·德里达的研究著作让弗洛伊德话语本身的地位受到了质疑，它们并非只是简单地把弗洛伊德

---

① 福柯，《什么是作者》再版于《语言，反记忆，练习》（*Language, Counter-Memory, Practice*），由唐纳德·F. 布沙尔（Donald F. Bouchard）主编，纽约伊萨卡，1980年，第133—135页。

当作一个普通个体，将精神分析概念和范畴运用到他个人的著作上，就此对精神分析先驱本人进行精神分析，而是指出该理论的问题所在，认为该理论在将意识功能描述成起源于充满冲突的无意识动态过程中，不得不对传统理论所依赖的感知概念和真理概念进行移置。

精神分析由此对它自己提出的问题，也是本书想要探讨的问题，即精神分析思想本身能脱离它努力去思考解释的那个过程的影响吗？无意识过程的破坏性扭曲行动在理论上能够简单地被看作某个客体吗？或者它们绝对不会在理论的客观/对象化（theoretical objectification）过程中留下痕迹？精神分析思想本身肯定不会参与——重复——它试图描述的破坏过程吗？

要回答这个问题，就要"回归"弗洛伊德的文本中，正如福柯所描述的那样。因为，如果精神分析思想参与了它所描述的过程，那么弗洛伊德的著作就构成了一个他特有且隐秘的，尽管不是独一无二的，关于这种参与过程的场景。或者，应该说是某种斗争的场景：因为构建潜意识理论的雄图伟业不可避免地需要与某个处心积虑混淆意义的过程展开斗争，厘清其中真正的意义。我试图追踪还原的正是这种斗争的痕迹和见不得人之处。在还原过程中，我别无选择——尽管这也是种乐趣——唯有回到弗洛伊德写作用的德语中去。这并非由于德语更接近弗洛伊德的原有意图，尽管这无疑是正确的，而是因为那些原始意图的混淆过程在此描述得非常生动，而这种描述方式无法通过任何自认为忠实于原著的翻译表达出来。这一概念始终贯穿于《标准版西格蒙德·弗洛伊德心理学著作全集二十四卷本》(the Standard Edition of the Complete Psychological Works of Sigmund Freud in 24 Volumes，以下简称《标准版》或S. E.）的编辑标准之中，它认为"德语原文"知道自己在谈论什么，或者至少知道自己想要说什么。尽管这一假设总是指导着"理论"或"认知"作品的翻译工作，但在涉及这样的语篇，其首要任务是证明存在某种无所不在的力量，迫使语言说出与主体有意识地想要表达的内容不一致的东西时，这样的假设就不再成立了。②就是这种表达上的差异把弗洛伊德的德语文本变成了一个特有的舞台，精神分析思想的问题和斗争在这个舞台上逐渐展现出来。对这些文本中的那些清晰而明确的主张和声明也必须保持同样小心谨慎的态度，就

---

② 这些评论并非想要对《标准版》提出批评，《标准版》把弗洛伊德介绍给英语世界的读者，它的贡献不容质疑，这些评论更多地想要表明为了使弗洛伊德的作品清晰易懂所付出的代价。正如弗朗索瓦·鲁斯唐（François Roustang）评论指出的："弗洛伊德的作品在大多数法语译本中，甚至在《标准版》的英语译本中，都失去了它的活力，甚至失去了它的意义，因为译者只对由句法定义的短语的整体意义感兴趣，完全不关心单词的位置和它们的重复现象。如果弗洛伊德文本中的意合必须得到尊重，那是因为他的作品正是由它（意合）构建而成的机器，因为这台机器……是他的论述，也正因为如此，这台机器的各组成部分不能被替换，否则它的功能就不可能实现。"(《弗洛伊德的风格》[Du style de Freud]，摘自弗朗索瓦·鲁斯唐的著作《……她不会放手》[… Elle ne le lâche plus]，巴黎，1980年，第35页）对此，我只想补充一点，既然这台"机器"的功能正是通过"替换其部件"来实现的，那么对于它的运作也不能简单地表示尊重，也许，继续并反思该替换过程本身才是正确的做法。有关《标准版》翻译的批判性讨论，请参阅布鲁诺·贝特尔海姆（Bruno Bettelheim）1982年在《纽约客》(The New Yorker)上发表的文章《弗洛伊德与灵魂》(Freud and the Soul)（1982年3月1日，第52—93页）。

像弗洛伊德对梦中表达的话语，或者，实际上对所有梦的表达所持的态度一样。我们记得，那些梦的表象只是为梦的破坏、移置（Entstellung）过程提供所需材料，而且总体上看，这些表象过于清晰，反而更加不可靠。

相对于《标准版》及其表达的思想而言，本书中的弗洛伊德的"形象"看起来似乎被丑化，这并不奇怪。本书引用《标准版》的地方都做了准确标识，以便读者能够认出这种丑化的痕迹，并进行思考。因为，只有在将大众所熟知的弗洛伊德和另一个不太令人舒服的弗洛伊德之间的区别进行评述的过程中，他的传奇才能重新获得那种神秘力量，我们一直都"知道"这种神秘力量，但对它的思考却越来越少。

塞缪尔·韦伯

1982年

目录

序 / v

神秘的思考 / 001

第一部分　精神分析的分裂 / 055

　　走自己的路 / 057

　　关于自恋 / 067

　　观察，描述，形象化语言 / 083

　　元心理学与众不同 / 111

第二部分　其他内容 / 159

　　叶状体的含义 / 161

　　诙谐：儿童的游戏 / 193

　　长绒卷毛狗 / 219

第三部分　爱情故事 / 249

　　分析师的欲望：在游戏中猜测 / 251

　　离开！/ 275

　　猜测：通向完全不同的道路 / 291

神秘的思考

两则笔记

大约二十五年前我撰写的三篇文章，构成了《弗洛伊德传奇》的第一版，它们试图探索弗洛伊德的写作和思维是如何被逐渐卷入它们努力想要描述和解释的对象之中的。这种观察者被牵涉入所观察事物中的现象与大多数科学或学术文献正好相反，后者力图让观察者与研究课题保持一段安全的距离。弗洛伊德文本中特有的移位（movement），让"所研究主题之外存在着一个域外观察位置"的假设不断受到质疑，而这反过来又要求读者采用一种新型的解读方式。这是一种传统上更常用于文学作品而不是"理论"文本的解读方式。如果一个文本的命题、语义和主题方面的内容更多地受到句法移位的影响，被加强或削弱，那它就可以被认定为一部文学作品了。它所表达的内容永远无法与它采用的表达方式分开。不仅如此，在文学作品中语言"如何"表达从来就不仅仅是讲述"什么"语义内容的工具。这是弗洛伊德的作品与"文学作品"所共有的一个特征：它们都需要一种解读方式，它随时可以根据所指含义的变化而做出调整,即使所指含义加强或削弱了文字的表面意义。与一些文学作品不同的是,弗洛伊德作品的命题意义从来不能予以轻率看待。但也没有必要把它当成"金科玉律"。因此,"思维"和"认识"、"感知"和"观察"之间的关系——以及它们与写作的关系——不再是理所当然就是如此。

这种对新型解读方式迫切的需求当然并非弗洛伊德首创。自从康德(Kant)伊始,至少在哲学史上,"思维(thinking)"被小心而坚决地与"认识"分开对待。在《纯粹理性批判》(*Critique of Pure Reason*)第二版前言的脚注中,康德对它们之间的区别做了如下阐述:

> 要认识(know)一个对象,我必须能够证明其可能性,无论是从现实角度,由经验来证明,还是通过因果推理证明。但我可以思考任何我喜欢思考的事情,只要我不与自己本身相矛盾。也就是说,只要我的概念是一个可能的想法就行,即使我不能保证在所有可能性的总和中是否存在一个客体与它相对应。[①]

要成为"思维",一个想法不必对应于一个真实存在的物体:它只需避免与其本身相矛盾。康德继续阐述说,例如,我们可以

[①] 康德,《纯粹理性批判》,F. 马克斯·米勒(F. Max Müller)翻译,纽约Anchor Books图书公司,1966年,第38页脚注。

畅想诸如"自由"这样的想法，即使无法将它等同于某个确定的实体或归属于一个明确的动作。尽管如此，它仍然可以是一个合理且很有必要的想法。它甚至可以包含某种"认识"，尽管这种认识对理论理解没有帮助。康德称这种认识为"实践性的"，因为与理解相比，它与实干的关系更多一些。

因此，在康德看来，"认识"与"思维"之间的区别指的是"认识本身内部的区别"，即一个可以在时空上确定的物体的理论知识，和那些无法通过时空确定的事物的实践知识之间的区别。这些实践知识依然有资格作为"思想"而存在，只要它们与自己本身不矛盾即可。

试将康德笔下对认识和思维的区别与弗洛伊德的进行比较。后者即将创立精神分析学说时，讲述了一次他与"露西（Lucy）小姐"的谈话。

弗洛伊德：如果你当时就知道自己爱上了男主人，你为什么不告诉我？

露西：我不知道，或者说，我不想知道。我想把这想法从我脑海中抹去，永远不再想它。

一个人既知道又不知道某件事情，这样的特殊情景，我再也找不到比这更好的描述了。②

---

② 弗洛伊德、约瑟夫·布洛伊尔（Josef. Breuer），《癔症研究》（*Studies on Hysteria*），第117页脚注；译本调整。

在接受弗洛伊德治疗的整个过程中，露西一直"知道"自己对"男主人"的爱慕之心，但只是在过了一段时间后她才承认自己"知道"。那么，在此之前，**她知道某件事，但又不知道（自己知道这件事）**，或者正如她自己所说，不愿"**再想它**"。也就是说，她不想再念念不忘，再重复它，或者更真实地说，不想**承认**它。重复做一件事，却没有意识到自己是在重复，可能就是造成不知道自己知道的那种"奇怪的状态"的原因。没有比这一推断更背离康德对思想（thought）的定义了，后者要求其中有一种内在的一致性，不存在任何矛盾冲突。在不想"再想它"的状态中，露西尽可能地应验了康德对"思想"的定义要求。但尽管**她**可能不想去想它，"它"一定在"想"她。她对弗洛伊德承认，说她"一直知道这一点"，可以说她确认了这一事实，即使**就其本身而言**她并没有去**想**它。

弗洛伊德知道，他未来的读者对这次交谈的反应与露西本人刚开始的反应不会有什么不同：如果一种想法前后不一致，它就不值得去思考。因此，他没有试图让读者相信露西承认"她一直知道这一点"这一行为意味着多么重大的内涵，以及这种"无意识知道"的"奇特的状态（eigentümlichen Zustand）"所蕴含的意义。相反，他只是证实，除非他们愿意承认他们自己也已经处于这种状态，否则他们将无法理解他刚刚叙述的内容。由于这不是一个可以控制或假设的行为，弗洛伊德采取了一种不同的方法。他讲了一个他亲身经历的故事。

只有那些有时发现自己处于这种状态的人可以清楚地理解这个状态。我对这种情况有深刻的记忆，它就栩栩如生地站在我面前。虽然我想记起当时我脑子里的各种想法，但结果令人失望。当时我看到了与我所期望的不同的东西，我丝毫没有动摇我的期望（Absicht），尽管它本应被所看到的景象排除出我的大脑中。我没有意识到这种矛盾，也没有再注意到对所察觉景象的否认（Affekt der Abstoßung），这无疑就是眼前景象对我的内心没有产生任何影响的原因所在。我对维护女儿的母亲、溺爱妻子的丈夫、宠爱亲信的统治者身上体现出来的这种绝妙的"视而不见（Blindheit bei sehenden Augen）"感到极为震惊。③

实际上，这个故事和它试图回忆和探究的那种奇特状态一样怪诞或奇特（eigentümlich）。一方面，弗洛伊德从一开始就宣称他在记忆中非常明确地经历了这种过程，"它就栩栩如生地站在我面前"。他可以理解露西的感受，因为与很多读者不同，他自身有一些类似的经历。另一方面，当他努力去回忆当时脑子在想什么的时候，他又不得不承认"结果令人失望"。

事实上，期待听到一个有趣故事的读者一定不仅会感到失望，

---

③　弗洛伊德、约瑟夫·布洛伊尔，《癔症研究》，第125页。在我的《制度与解释》（*Institution and Interpretation*）（明尼苏达大学出版社，1987年，第73—84页）中可以看到我对这段文字的讨论。

而且也会感到迷惑。弗洛伊德到底记住了吗？还是没有记住？他只是假装记住了来诱导读者做这方面的努力吗？还是他有意让读者失望，因为他不想泄露他所记住的东西？还是说，他记住了，却不记得自己记住了，与露西小姐知道，却不知道自己知道的情况类似？无论是哪种情况，他的故事都非常抽象和笼统：没有具体的情景，没有具体的事件，只有一个普通小故事，描述当时他所"察觉景象"与"期望"不一致。但这个小故事本身就不值一提，并没有导致他调整他的期望值。而且，弗洛伊德不仅拒绝接受亲眼所见的证据事实，而且承认说他一直没有意识到这个"矛盾"，由此他一直陷于这种矛盾中。后者表现出来的这种意识的缺乏后来被冠之以"无意识"之名：这不仅是对某个客观对象缺乏意识，而且是对意识本身的（掩饰）行为的视而不见。鉴于这种视而不见的存在，弗洛伊德所称的"否认的结果（affect of repudiation）"必须被理解为不仅影响对客体身份的感知，而且也影响了行为主体。简而言之，存在两个方面的运动，既拒绝对客体的感知，同时又将主体与其自身隔离，将主体驱散，分布在某个行动中——与其说是抑制对客体的感知，不如说是拒绝主体的暗示——这个行动是我们无法意识到的。④

正是这种趋于发散的动态变化以及由此衍生出来的众多分支结果让弗洛伊德的写作与思维不仅有别于那些非精神分析领域的

---

④ 后来弗洛伊德把这一类行为称为"隔离"，其中的对象与其说是被抑制，不如说是与其后果"隔离开来"，从而使其无害化。参见下文，第151页及其后。

作者，也不同于绝大多数精神分析理论的作者。这种发散构成了元心理学概念化活动的重要特征，也使弗洛伊德在使用概念时形成了特有的不稳定性和颇有讽刺意味的开放性。而且这种发散性在弗洛伊德的写作风格中也可以辨认出来，正如这里所引用的段落所示，尽管运用叙事性和自传性的话语进行表达，却总是以一种削弱叙事性和自传性之稳定性的方式存在。因为无论是叙事体还是自传体都不会兜个圈子再回到起点。更确切地说，它们被嵌刻在一些完全颠覆了它们的自我身份的场景之中。我想探究的正是这种场景式记录的过程。

尽管弗洛伊德，无论是有意还是无意，没有深入探讨"栩栩如生"地站在他面前的明确的记忆的内容或造成的影响，而只是提供了这样一个单调乏味的结果，却有一个类似的经历（和故事）在他以后的作品中占据了决定性的位置。在那些作品中，不仅是弗洛伊德本人，而是所有孩子，尤其是所有男孩，都发现自己面对一个"不符合"他们预期的认知。他们所期望的如出一辙，即男性生殖器官普遍存在。他们面对的是如何通过对女性生殖器官的认知，来理解"生理解剖上的性别差异"。拒绝接受这种认知则会发展出"阉割"故事，当然还有该故事的失败（foundering）——随着"俄狄浦斯（Oedipus）"情结的垮塌（downfall）而破灭（Untergang）。弗洛伊德笔下的阉割首先是男孩女孩对他们自己讲述的某个故事的题目，但它出自某个单一的视角——一个男孩的视角——其目的是使对性别差异的认知和男性身份的"预期"一致。对女性生殖器官的认知不符合这种所有的人都应该同样地拥有男性生殖器官的认知。通过这样的故事建构，对女性生殖器官的认知不再是简单地予以完全拒绝，而是，正如今天的人们可能说的，"置于某个上下文中"——把它放在一个故事框架中，将性别特征从差异化关系转化为一种积极的自我认同的表达。

这种故事建构因此可以被描述为具有两个功能。其一，它允许小孩通过给性别差异"设立时间性"，并将它重新定义为一种同一化的形态，以此保持对单一的、统一的身份认同的"预期"。⑤故事是这样的，"很久很久以前"，"（她的）阴茎还在那儿；今天它却不在了，如果我不小心，明天我的阴茎也会没有的"。通过这样一个故事，未来就可以与充满自恋的"预期"相一致，即希望看到自己完好无损、完整如一、完全自主。这个故事建构的第二个功能与第一个有关：它意味着，作为故事的讲述者，自我（ego）可以让自己与一个它正在讲述的事件保持充分的距离，以便不受这些事件的影响。因此给自己讲述这个故事的"我（I）"努力保持仅作为"观察者"的姿态，保持貌似安全的距离，它只是想描述或复述一下那些令人不安的可能性。

然而如俄狄浦斯情结的"垮塌"或破灭（Untergang）所示，故事并没有就此结束。这种垮塌恰恰对这种深思熟虑并置身事外的、无所不知的观察者和讲述者的位置提出了质疑，或者说把它卷入了故事的叙事之中。而且在这样做的过程中，这一叙事表明，

---

⑤ 参见下文，第288页及其后。

讲述者的位置对叙事的成功与否也很重要，也许完全取决于此。故事的讲述本身变成了"情节"的一部分，嵌入故事场景中，成为一个组成部分，与它所讲述的内容无法分离。"我（I）"或自我（ego）更多的是以接受者，即听别人说，而不是以说话者的形象出现。⑥心理结构因此被不可逆转地分散于多个互不相同的"我"的实例之中，这些实例既相互依存，又毫不相干。俄狄浦斯情结走向没落，因为它试图控制的这种分离并没有被看作自我（ego）需要克服的一个障碍，而是被当作构成那个彻底地走向分散并与众不同的自我（self）的一个基本力量。主体占据的地位不再是统一的、独立的；这是一个永远无法将"他者"完全排除在外的场景。在没落的过程中，俄狄浦斯情结和阉割的故事被当作一个剧情编排嵌刻在其中。

通过这些他者的侵入，自我（self）的叙事性功能和位置"发现自己"置身于一个戏剧化的空间内。当发生在一个空间中的戏剧表演是为了迎合那些"楼座"席上的观众，迎合"那些"剧情之外的他者时，这个空间就充满戏剧性了。表现内容因此由内向外展开，而相反地，观众则被内化，深入其本身。这种"位置"的重新定义好比白日梦和夜梦的不同视角。在白日梦中，做梦者的立场似乎是统一完整的，与梦的场景保持着一定距离。这种梦

---

⑥ 超我通过良知的召唤来回应自我，将自我置于信息接收者而不是信息发送者的位置。同样地，对海德格尔来说，也是通过良知的无声"召唤"，在彼处（being-there）被唤回到它的神秘起源。参见《存在与时间》（*Being and Time*）第57小节。

就是通常所说的"幻想"。相反，在夜梦中，做梦者无法被看作一个毫无干系的旁观者，尽管回忆起做梦的情景时，做梦者与梦境之间似乎很遥远。夜梦既很远又太近。事实上，遥远和相近不再非此即彼，必须对无意识空间或场景进行重新考虑，兼顾这种非相互排斥性。记住梦境的"我"，正如做梦的"我"一样，发现自己分散地出现在梦的各个片段之中，尽管与梦的场景有明显的距离。在同一时刻既近又远，这很容易形成某种分散的结果。事实上，弗洛伊德坚持认为，梦只能被理解成这样一种形态，在其中，"我"沉溺于这样的分散状态。⑦

这种分散正是梦的空间，也是无意识空间，作为一种有着难以简化的戏剧性的"其他场景"的特征所在。像戏剧舞台一样，这个场景是相对分隔的、局部的、单一的。但它的界限从来不是一成不变的，因为它们必须向另一个空间场景开放，但不会包围吸纳那个空间。因此，戏剧场景绝不会"一成不变"，而是"时

---

⑦ "梦完全是以自我为中心的。无论何时，只要我自己的自我没有出现在梦的内容中，而是只有某个毫无关联的人，我就可以放心地假定，通过身份认同，我自己的自我隐藏在这个人的背后。……因此，我的自我可能在梦中多次出现……做梦者的自我在梦中多次出现，或以多种形式出现，这一事实在本质上并不比另一情况，即自我应该多次出现在某个有意识的思想中，或存在于不同的地方或联系中——例如，在这句话中，'当时我认为我是一个多么健康的小孩。'——更引人注目。"（弗洛伊德，《梦的解析》，纽约 Avon 图书公司，1965年，第358页）尽管弗洛伊德似乎试图强调梦的"自我中心"是正常的、日常的本质，但他所描述的这层含义却以另一种方式起作用：让自我统一的日常属性成为问题。因为正是他引用的那句话，证实了梦中的"我"的表述的熟悉性，一旦被做梦者认定，就会变得非常成问题。正如拉康所说，主张以及被主张的"我"，即陈述的主体，并不等同于该陈述内容中的说话主体。

移景异"。它很独特,然而也有重复,始终在进行,但永远未完成。它既近又远,既熟悉而又陌生,既是当前的又在不断消逝中。构成它的主要特征的不是动作,甚至不是演员,而是上演过程。它的时态和时间性表达都是现在分词的形态。"正在呈现(Presenting)"而不是"呈现(present)",它意味着某种永远不会圆满,永远不会形成完整表达的参与。这正是包括弗洛伊德的文本在内的一切戏剧化舞台表演与审美"艺术"的区分所在:前者并没有形成某个成果,而是(最多也就是)"贯穿始终(working-through)"。这样的戏剧性,因其即时性和难以把握性,令人既熟悉而又陌生。其陌生感就来自它的熟悉性。

我想说的是,这种神秘的戏剧性与弗洛伊德的作品无法分开,或许与精神分析整体都无法分开,但我希望不会被简化归结为其中之一。我想通过解读两个与精神分析的关系截然不同的文本,探究一下这种神秘的戏剧性在某些方面的特征。

奋力一跃:睡魔

第一个文本,或者更确切地说是其中的一个场景,是弗洛伊德论述这种神秘性的文章的核心。在E.T.A.霍夫曼(E. T. A. Hoffmann)的著名故事《睡魔》(*The Sandman*)的开头,对此有明确的刻画描写。故事整体围绕——这个词在这里不仅仅是一个隐喻——一系列的遭遇和回忆展开:唤起回忆的遭遇和对遭遇的回忆。纳塔内尔（Nathanael），一个青年学生，在给他未婚妻哥哥的信中，讲述了一件最近"发生在他身上（mir widerfuhr）"的貌似普通的事情："一个眼镜贩子走进我的房间，给我看他的货。我什么也没买，并威胁要把他从楼梯上扔下去，然后他就自己离开了。"⑧ 这个场景显然相当平常，而纳塔内尔的反应却粗暴得令人惊讶。为了做出解释，纳塔内尔回忆起他还是个孩子时的另一次遭遇——当时，有个似乎面露凶相的"睡魔"经常来他家里。这个"睡魔"的身份，很长一段时间他都无从得知。他唯一知道的就是，无论这个神秘的睡魔何时来访，孩子们都会被父母打发到房间里去睡觉。这些来访伴随着一种忧郁的气氛和不祥的预感，但又很显然无法避免。纳塔内尔的父母似乎无法将睡魔挡在门外，正如多年以后的纳塔内尔自己也无法阻止眼镜贩子径自"走进我的房间（in meine Stude trat）"一样：似乎无论是墙壁还是门都不构成任何哪怕是最轻微的障碍。尽管弗洛伊德没有就此发表评论，睡魔那不可阻挡的力量所带来的不祥预兆并不仅限于此：他能够自由穿越家庭空间，突然出现在**那里**，他"上楼梯时沉重、缓慢的脚步声"（p.332）宣告他的到来。睡魔骤然不可抗拒地出现，或发出动静，其突然性暗示了家庭空间的脆弱，各种可怕的力量弥漫于其中，随时可以让家分崩离析。

　　纳塔内尔对这个着实令人恐惧的处境有何反应？他试图**锁定**

---

⑧　E.T.A.霍夫曼，《睡魔》，摘自《梦幻与夜曲》(*Fantasie und Nachtstücke*)，慕尼黑Winkler-Verlag出版社，1960年，第331页；由我翻译。

威胁所在的位置。为了做到这一点，他试图将这个原本为**听觉的**感受转化为视觉的体验。起初，他问母亲："妈妈，这个邪恶的睡魔是谁，总是将我们与爸爸分开？——他长什么样？"（p.332）要确定睡魔的身份就要知道他"长什么样"。但"睡魔"这一名字的命名和故事情节已经预示会有此一问，并且在某种程度上，使他的这种努力也成为对他自身的威胁。母亲告诉纳塔内尔，睡魔"并不存在"，很可能这只是她的一种措辞："当我说'睡魔来了（der Sandmann kommt）'的时候，我的意思是'你们这些孩子都很困了，几乎无法睁开眼睛，就像眼里进了沙子一样（als hätte man euch Sand hineingestreut）'。"（p.322）

让我暂时中断这个故事的叙述，说一下故事转译中的一个令人好奇之处。在德语中，纳塔内尔的母亲用了一般现在时的陈述语气来表达这一措辞：der Sandmann kommt（睡魔来了）。但在把它翻译成英语时，我将时态换成了现在分词，因为睡魔到来的方式并不会像某个真实事件那样，一蹴而就。相反，从所宣告的动作更含糊的意义上，似乎不可避免地会认为他"正在到来"，甚至可以听得见他到来的脚步声，但他从来没有最终来到。睡魔一直处于"他正在到来"的状态；纳塔内尔的问题恰恰和这种睡魔可能出现在任何地方的认识有关。我们试图用墙壁把空间围起来，控制进出，但无法通过任何边界阻挡睡魔可能的到来。

因此，睡魔的力量在于他能入侵并占据那个在现代被认为是最神圣的场所：家，这个家庭成员的私密空间。然而，在他把家庭空间内外翻转的同时，他也再次确认了家庭空间的范围，但他的确认方式却是把家从一个安全地带变成了一个充满恐惧和危险的所在。⑨母亲告诉纳塔内尔，睡魔只是一种形象比喻，但不是一种随意做出的比喻，此后从负责照看他最年幼妹妹的"老妇人"那里，纳塔内尔又听到了一种完全不同的说法。她告诉纳塔内尔，睡魔"是一个邪恶的人。当孩子们不愿上床时他就会出现，往他们的眼睛里撒一把沙子，他们的眼睛就会跳出来（herausspringen）。然后他就把眼睛装进麻袋，扛到半弯月亮上，拿去喂他的孩子们。他们守候在那里，在他们的巢里。他们长着像猫头鹰一样的喙，用来啄那些淘气包的眼睛"（pp.332-333）。

因此，睡魔的破坏性威胁与它威胁的对象——小小的、核心家庭之"巢"密不可分。然而，这个巢不再是完全私密或自给自足的：它被复制、翻版，但在此过程中也失去了人性的特征（睡魔的孩子长得像猫头鹰，有剃刀一样锋利的喙）。家庭之巢仍围绕着共同分享的食物运转，但这些食物，本应让参与分享的人身主

---

⑨ 这当然是恐怖故事或（更近的）电影的主题之一：本应是私密的、家庭的中心地带，结果却是一切危险之所在。例如，在电影《罗斯玛丽的婴儿》（*Rosemary's Baby*）中，罗斯玛丽怀着她的孩子，试图逃离魔鬼的掌控；这是一种典型体裁，在这类体裁中，正是逃跑的姿态再现了它试图逃离的这种威胁。弗洛伊德学说的所有自我防御机制——压抑、拒认（现实）、否认、隔离等——都复制了这种模式。（完整单一的）个体身体，这个本应该是最"恰当的"、最协调的地方，实际上却是所有可能背叛之所在。这一担忧在笛卡儿的《第一冥想》（*First Meditation*）中已经很明显了："假设我们正在睡觉，所有这些细节，例如，睁开眼睛、移动头部、伸出手等，都只是虚假的幻觉；想想看，也许我们的手和我们的整个身体都不是我们所看到的那样。"《第一冥想》，《笛卡儿：作品与通信集》（*Descartes: Oeuvres et Lettres*），参见法国巴黎七星文库（Eidltions de la Pléiade），桑德雷·布里杜（André Bridoux）主编，1958年，第269页；由我翻译。

体保持稳定和完整，但与此目的相差甚远，反而体现了他们的脆弱：例如，眼睛与身体的可分离性，成了他者的家、他者的巢、他者的场景得以运转所需的不可缺少的前提条件（conditio sine qua non），而正是他者的家、巢或场景控制了纳塔内尔，让他难以挣脱。

这种翻版效果由两部分组成。首先，纳塔内尔越来越被这个"神秘的幽灵（unheimlichen Spuk）""恐怖的睡魔形象""幻想完全由他自己独自调查这个秘密、见到传说中的睡魔的念头"所控制。这个幻想不是简单地控制了他"幼稚的心灵"：它就像占据一个巢一样占据了它（心灵）。这种占据对纳塔内尔的影响很好地体现在纳塔内尔描述他想要揭开秘密的冲动的德语句法结构上："aber selbst—selbst das Geheimnis zu erforschen, den fabelhaften Sandmann zu sehen（去看传说中的睡魔，甚至去探索这个秘密）"（p.333）。selbst（本人，亲自）这个词的重复使用准确地表达了纳塔内尔矛盾的心态，透露出了纳塔内尔的"幻想"，又不止于此。独自享有这个"秘密"的愿望证实了那个自我的在成为单一形态之前先分裂成双重性格特征的分裂特质。

正是自我的这种分裂——或者更确切的，这种只是处于双重人格状态（zwiespältig）的自我的出现——使得睡魔的"到来"的效果更多地体现在声音上而不是视觉上。因此，晚上九点，随着时钟敲过九下，最重要的时刻就来临了。德语词Schlag（敲击）强调"打击（blow）"动作，标志着时间的到来，由此在这个随着时间发展逐步推进的事件的核心位置植入了一定的暴力含义，不过，与之对应的英语措辞"stroke（轻抚，抚摩，敲）"——带有更多的情色意味——并非完全不合适，我们即将看到这一点。

但在我们真正看到之前，我们必须先来弄清楚一个可以称之为这个故事的原初场景（Urszene）的描写，或许它也是一般意义上的弗洛伊德精神分析思想的原初场景。之所以能把这个场景称之为"原始的"——或者在字面意义上更接近德语原意的表达，"最初的"或"起源的"——在于它通过特定的画面呈现，在一定程度上筹划了**那一场景的突然出现**，也就是说，把"故事"变成了"剧情设计"。

该剧情设计类似这样。睡魔登上楼梯，发出沉重的脚步声，而纳塔内尔意识到他必须离开，上床睡觉，避开睡魔，与父母分离——所有这些都激起了这个小男孩内心极大的焦虑。为了对抗这种焦虑，他想要窥视一下睡魔，从而弄清他到底是谁。这种自我防卫、被动回应的欲望驱使纳塔内尔偷偷溜进他父亲的书房、藏在"一个紧挨着门放置的敞开的衣柜的帘子后面，衣柜里挂着父亲的衣服"（p.333）。

纳塔内尔勉强藏在父亲的衣服后面，处于一个相当危险的观察位置。此时，睡魔充满威胁的脚步声越来越响。纳塔内尔听到了人的声音，尽管只是咳嗽之类不自觉发出的声音，同时还有动物和其他非动物的声音，如低声吼叫（brummen）和沙沙声（scharren）。声音越来越近，他突然听到了一系列更清晰明确的声音："急促的脚步声——有人粗暴地敲击门把手，门被突地打开，发出咔嗒咔嗒（rasselnd）的声音"，接着纳塔内尔终于看见"那个睡魔站在父亲的书房中央，明亮的灯光照射在他的脸上！这个睡魔，这个可怕的睡魔，原来就是老律师科佩琉斯（Coppelius），他有时候过来和我们一起吃午饭"（p.334）。

纳塔内尔相信自己最终已经揭开谜团，发现睡魔是谁，并可以给他点颜色，让他不要忘记自己应该待的位置。但那个地方究竟在哪里？睡魔沐浴在灯光下，就像站在舞台中央，聚光灯下（"站在我父亲的书房中央"）。纳塔内尔以为他终于能够认出这个人了，这意味着要叫出他的名字。但是实际上，那个名字是由一种奇怪的、事实上有些神秘的述谓结构表达所构成。"这个睡魔是（is）……"。没有任何英语翻译，包括这一个在内，能够准确体现这个"is"在德语原文语境中有多么异常的古怪。因为在德语原文中这个"is"不是孤立存在的：它与另一个词相呼应，那个词在发音上几乎和它一模一样，或者说是翻版（Doppelgänger），就这样，它把一个应该还算比较恰当的名字嵌进了一个最不合适、最不贴切的双关文字游戏之中：Der Sandmann ist der alte Advokat Coppelius, der manchmal bei uns zu Mittage ißt（睡魔就"是[ist]"老律师科佩琉斯，有时在我家和我们一起"吃[ißt]"午饭）(p.334)。

正当这个睡魔作为一个观察对象，同时作为一个识别对象，最终被锁定位置时，结果却表明，他只是某个并不高明的玩笑的一部分。因为他占据的位置是舞台的中心，而正在那里徐徐展开的剧情一点也不清楚、不明确。毫无疑问，这里有认知带来的冲击，（看见最熟悉的陌生人），然而这种认知——任何神秘的事物都会产生这样的认知——同时又是一个误认,一种误解,其原因就隐藏在这种文字游戏中。因为认知以重复或反复出现为前提,但重复或反复出现从来没有要求一模一样地简单重现。在这种反复再现过程中,事物都呈现出与先前形象不同的变化趋势,同时又参与到它改变的对象中。⑩所有这些都被凝缩在两个德语单词中:ist和ißt,即"是"和"吃"的重复再现中。睡魔被认出是科佩琉斯,那个律师,一个经常来家里共进午餐的客人。或许,他的"行事方式"就是"我吃故我在"。至少在纳塔内尔眼里,他是这样。

　　实际上,老妇人所说的睡魔给巢中的孩子喂眼睛的故事由此作茧自缚。想要了解它是如何反过来被质疑和变更的,我们只需再往下看。睡魔不再是无法看见的,他的模样是可以描述、比较和确认的。但"睡魔到底长什么样",这个问题的答案仍旧不怎么可靠。因为纳塔内尔发现,睡魔的样子恰是他最不应该具有的样子,他应该属于完全不同的类别。他的长相首先应该是非人类的,不管是动物还是非生命形态。例如,他的特性被描述成猫科类,尽管不一定是指家猫,"浓密、灰色的眉毛下面,有一双像猫一样犀利的眼睛,闪着绿光"(p.334)。这一比喻重复了老妇人

---

⑩ 对重复进行辩证分析很容易,因为被重复之物已经被重复了——否则它就不可能被重复——但它已经被重复这一事实使这个复制品变成了新的东西。摘自索伦·克尔凯郭尔(Soren Kierkegaard)的《康斯坦丁·君士坦提乌斯》(Constantine Constantius),《重复》(Repetition),霍华德·V. 洪(Howard V. Hong)、埃德娜·N. 洪(Edna N. Hong)翻译,普林斯顿大学出版社,1983年,第149页。

的故事的主题,并让人产生了对失去眼睛(Augenangst)的可怕预感。弗洛伊德试图从一种适合或能够运用精神分析理论的角度来解释这个故事,以及一般意义上的神秘叙事,他着重对这种预感进行了论述。但这双"闪着绿光"的眼睛抵制任何对其进行识别和整合的企图;与其说它们连在一起,不如说它们分开。睡魔的眼睛被描述成是"犀利的(piercing)"——从字面上看,指具有穿透性的(stechend,尖利的,刺人的)——似乎要从眼窝里跳出来(hervor-funkelnd,意思是从里面出来,闪着光芒)。这双眼睛并没有被一劳永逸地放在它们应有的位置,相反,在这里,眼睛被看作一个无法留在原处、无法置于应有位置的典型例子。但是看上去超越人类特征范围的不仅仅只有他的眼睛和眼窝。"一种奇怪的咝咝声"被描述成"从紧咬的牙关中发出"。据纳塔内尔回忆,最令孩子们反感的是"他那又大又粗糙的毛茸茸的拳头"。他们如此反感他的拳头,以至于他在餐桌上触摸过的每一样东西都令人厌恶。这个睡魔非但没有给孩子们带来食物,相反,他还触碰了妈妈给孩子们准备的食物,使它无法再食用。

至少现在,睡魔已经被他找到、认出并记住。躲在藏身之处,纳塔内尔感到自己完全"中了魔咒(festgezaubert)"——全身麻痹、无法动弹。为了能看见衣柜外面的情景,他必须把头伸出将他与外面的景象隔开的帘子。"开始干活!"睡魔喊了一声,然后他和纳塔内尔的父亲便脱去了家常衣服,换上了"黑色而宽大的工作服"。然后,纳塔内尔的父亲打开了一个壁橱的折叠门;我看到我一直以来都以为是个壁橱的地方其实根本不是壁橱,而是一个黑色洞穴(Schwarze Höhlung),里面立着一个小炉子。科佩琉斯走近炉子,在轻微的噼啪爆裂声中,一股蓝烟从炉子上升起。各种奇怪的用具立在周围。噢,上帝!——当我的老父亲俯身察看炉火的时候,他看上去完全不一样了(da sah er ganz anders aus)。一阵不由自主的抽搐性疼痛使他那柔和、诚实的五官扭曲成了面目可憎、令人厌恶、恶魔般的形象。他看上去就像科佩琉斯,后者正转动着烧得通红的钳子,从炉子中夹出一块厚厚的、冒着烟的、闪着刺眼亮光的块状物,然后小心地锤打起来。此刻的我感觉似乎周围全是人脸,但脸上都没有眼睛——相反,只有令人厌恶的深深的黑洞。"把眼睛拿过来……拿过来!"科佩琉斯用低沉、充满威胁的声音喊道。我尖叫起来,充满恐惧,从藏身的地方跳了出来,倒在地上。然后,科佩琉斯抓住了我。(pp.335—336)[11]

---

[11] 我已经讨论了德语副词"da"用法的一些含义,它"通常"被认为是指一个地方,但在叙事语境中它常常被用来标记一个时间转折点。参见格哈德·诺依曼(Gerhard Neumann)主编的《后结构主义》(*Poststrukturalismus*)一书(1995年在斯图加特/魏玛[Stuttgart/Weimar]举办的DFG研讨会论文合集,由梅茨勒[Metzler]出版社于1997年出版)中塞缪尔·韦伯撰写的《活一次相当于没有活:可重复性和独特性》(*Einmal ist Keinmal: Das Wiederholbare und das Singuläre*)一篇,第434—448页。在这篇文章中,我评论了尼采在《查拉图斯特拉如是说》(*Zarathustra*)中关于永恒回归的著名段落中对"da"的用法。

从什么意义上说这个噩梦般的场景是一个原初场景（Urszene）？毫无疑问，它没有直接描写弗洛伊德通常将其与"原初场景"的概念联系起来的父母性交的场面。但它所展示的情景同样充满情欲、色情意味：两个男人在一个男孩面前脱去衣服，男孩因骤然见到意外景象而惊恐万分、仿佛见到蛇发女妖美杜莎而石化一般。"壁橱"的门打开后，露出来的不是装满衣服的另一个家庭空间，而是一个摆放着炉子的"黑色洞穴"。虽然那个炉子看上去像家里的壁炉，结果却表明要比壁炉危险得多。它产生的热和光像火花一样飞溅出来，恰似眼睛与眼窝的崩离，这是亲眼所见与熟悉场景的背离。纳塔内尔看到，他的"老父亲"看上去与他所期望的、记忆中的形象如此不同，"噢，上帝！"他叹了口气。在火光映射下，纳塔内尔的父亲看上去不再像通常那样让人安心可靠，因为痛苦（抑或愉悦？）他一阵阵痛苦地抖动着："他看上去就像科佩琉斯。"而科佩琉斯现在看上去像什么？他正在开始他的表演：他吃故他在（He "ist" was he "ißt"），他"吃的"不仅有眼睛，还有身体，那个被认为应该是有机整体、美丽又自给自足的形态之典范的人体。然而，他对眼睛的爱好不是随意决定的，因为传统上对人体统一完整性的期盼就寄托在眼睛这个器官上。任何东西只要能被自己亲眼看见就可以进行辨认：要找出"睡魔是谁"就是要发现"他长什么样"。然而，睡魔却颠覆了这一认识：他非但自己长相不像任何熟悉的可识别的事物，而且还会让其他人看起来像他。例如，对纳塔内尔而言，他可怜的老父亲突然看上去像睡魔；也就是说，他看上去抽搐不止，令人厌恶，穷凶极恶，"完全不一样（ganz anders）"。科佩琉斯是一名律师，他遵循的法则并非简单地只有父权法则（the Law of the Father），也许从以父之名（nom du père）的意义上说这是个例外。不过拉康坚持认为，以父之名是知者迷失（les non-dupes errent）——那些希望这个法则能够提供可靠的认知基础的人注定要在错误的认知道路上走得最远。

从某种意义来说，这就是纳塔内尔的命运。他希望能通过发现睡魔是谁，他长得像谁，来终止这种幽灵般的困扰。结果却发现睡魔代表了某种暴力，造成身体器官的分离，毫无疑问，这让人感到恐惧和憎恨，但同时也令人着迷，唤起心中的欲望。因为这个场景中也许最值得注意之处——同时也是它不再停留在（某个被讲述的）故事和（某个被观察到的）奇怪场景的层面上，而是变成一幕（参与其中的）戏剧表演场景的那一瞬间——出现了：在那些没有身体的眼睛的困扰和诱惑之下，纳塔内尔从藏身之处跳了出来，摔倒在睡魔的脚上。他这一跃，也就放弃了可以观察他人而不为他人发现的旁观者角色，冒险跳入……剧场中，跳到舞台上，将自己暴露于他人危险的目光下，尽管这种暴露会给他带来危险（或许是因为受到这种危险的诱惑才跳出来）。目睹这个令人无法自持的、激情而痛苦的场景，他着实不顾一切地，尖叫着冲到舞台中央。

这是一次命运预言式的重要一跃，在故事的结尾还将再出现一次。事实上，它揭示了故事的结局。为了欣赏风景，纳塔内尔和他的未婚妻克拉拉（Clara）一起爬上灯塔，此时他突然发狂。

他试图将克拉拉从高空扔下来,最后自己纵身跳了下来。至此,两次狂暴的、不由自主的冒险一跃构成了霍夫曼的故事的叙事框架。第一次,他从一个表面看上去隐蔽而安全的、他人看不见的观察位置跳到舞台中央,但舞台的边界很难界定,因为这些边界会随着剧情的发展演变而变化,它们并不能将那些发展演变简单地纳入控制范围或设定情境。与躯体分离的眼睛的一阵阵痉挛暗示着这样一种运动,但它却绝不局限于眼睛这种特定的身体器官。科佩琉斯抓住纳塔内尔之后,一开始先伸手去取他的眼睛。但在纳塔内尔父亲的恳求下,他接受了另一种替代方法:

> "让这个孩子留着眼睛,看着自己的惨状,哭个死去活来吧;相反,我们可以利用这个机会仔细观察一下他的手和脚。"于是他如此粗暴地抓着我,以致我浑身关节咔咔作响。他把我的手拧下来,还有我的脚,然后先安装在这里,然后换到那里,我眼前一阵阵发黑,我突然感到神经和骨头一阵痉挛,然后就什么都不知道了。(p.336)

总之,纳塔内尔冒险从藏身处跳出来,跌落(德语原文"stürzt[跌落]"清楚表明"plunging[突然下落]"一词有两层含义:"下落"以及"被猛地用力推入而失去平衡")到舞台上。因此,这一次重生包括从作为观众所处的安全地带跌落下来,落入毫无遮掩的舞台上。这种暴露的部位,首先是身体。或者更确切地说,暴露的不只是"身体",虽然貌似有这么一个东西,而是对身体自恋的观念，认为身体作为自我的母体，是自给自足的、统一而完整的。正是这样一种身体观念，在舞台上被解体。纳塔内尔的四肢被拧了下来，他的身体被肢解，结果就是他在一阵突然的"痉挛"中失去了意识。身体是一个自给自足的完整形态，意识的丧失与这一自恋的观念联系在一起：当身体的完整性不复存在，意识也随之丧失——意识一定是某个物体的意识，也就是说，是一个单一完整的物体的意识。当物体或多或少并非以一个完整形态呈现，而是像我们正在重新解读的场景的空间本身那样，出现分裂或倍增时，那么结果就是一阵"突然的痉挛"，那时的感觉很难说是愉悦还是痛苦。⑫

在对这个故事的解读中，弗洛伊德坚持认为"认知不确定性（intellectual uncertainty）"——这一概念由神秘叙事研究领域的前辈耶恩奇（Jentsch）提出——不是决定性因素。他坚持说，故

---

⑫ 我感谢詹妮弗·斯通（Jennifer Stone）指出了本该显而易见，但（对我来说）并非如此的信息：那个壁橱，纳塔内尔以为与他藏身于其中向外偷窥的那个壁橱"一模一样"——也就是挂着他父亲衣服的壁橱——结果却是一个风格和性别迥异的藏着一个"炉子"的"黑洞"，这个炉子最终将会给纳塔内尔的父亲和他自己带来死亡和毁灭。那个"壁炉"（德语Herd既可指壁炉也可指火炉）——火星从中飞迸出来，然后眼睛从眼窝中分离——以"眼窝"和缝隙的形象呈现，从那个自恋的男性自我，一个典型的旁观者的角度看，这是一种女性气质的象征。比这个可怕的"洞"（以及它容纳并隐藏的"炉子"）更"糟糕"的是那种令人费解的清晰和透明，它显示什么都没有，没有任何符号，也没有完全意义上的形态，但却呈现出某种相当奇怪和诡异的状态，半透明又带着不透明："克拉拉站在镜头前！"我们一会儿再谈这个。当纳塔内尔这样做出冲动举止的时候，它也是——也许是最主要的——不是"悲剧"的"出现"，而是某种更类似于克尔凯郭尔的著作《重复》中的第一部分所讨论的"滑稽剧"的东西的"出现"。

事的神秘性不在于对（美女木偶）奥林匹娅（Olympia）的不确定性或幻想，而是与睡魔这个形象有关，与可能是让人失去双眼的担忧有关的一种（阉割）焦虑。然而，尽管弗洛伊德非常自信且有力地阐述他的解释，"认知不确定性"仍然在他的文本中不断地出现，围绕主题贯穿始终，事实上将主题解体，分成了许多不同的论题，对压抑与征服、虚构和现实的区别对待只是其中最明显的例子。如果说阉割焦虑对精神分析具有结构性意义的话，那就是在某种程度上，阉割焦虑会萦绕着主体想要告诉自己的故事，以确认自身作为"我（I）"的身份。但正如弗洛伊德后来所坚持的，焦虑，尤其是阉割焦虑，记录下了所有被看作自我（ego）的主观性（subjectivity）无法回避的危险。它无法回避，只能以不同的方式对这一危险做出反应。而对这种危险的反应之一——即使不是主要方式——无疑就是焦虑，而神秘性恰以焦虑的存在为先决条件。当然，这些反应从来不会一成不变。无意识，尤其是它的原初场景（Urszene），其时间从来不是线性的或准时的，而常常是随之而来的（nachträglich）、事后的（après-coup）。神秘性的含义远不止于弗洛伊德对它的明确论述，神秘性意味着，该事后性按照一定的结构清楚地为自己做出阐述，而这种结构恰恰是那种"戏剧性（coup de théâtre）"结构，那是作为一种诡计（as a coup）的戏剧性，一种震惊或打击（Schlag），它发出突然一击，标记了时间，但同时它也打断了对连续、渐进、线性目的论的事件发展过程的预期。简而言之，神秘性就是那种再现或重复，它突如其来而又滞后地、姗姗来迟地展示它"精彩而成功的突然出现",并把这种"突然出现"分裂成两种形态,永远不会完整闭合的现在,以及总在到来的路上,但从来不会最终到来的将来。

而最终被这种震惊或打击(Schlag)、这种突然出现(coup)破坏的就是场所的统一性,这也就造成了舞台的不统一。舞台为什么会不统一呢?因为从任何一个单一角度都无法完整地观看和领会。纳塔内尔的故事无法从某个单一的视角来讲述,而必须首先用第一人称话语,以他给朋友写信的形式呈现,然后,通过一个突然而生硬的切换,以第三人称方式继续讲述。

我已经不止一次说过,不能将神秘性作为一个严肃的研究对象来看待,因为它包含情感因素,因此不够客观或难以实现客观化。不过神秘性并非简单的主观感受,抑或是客观事件。确切地说,它体现了第一人称和第三人称话语截然对立的表达之间的混淆。但这种不稳定状态并非只出现在不同叙事立场之间:它早已存在于两者内部,正如睡魔已经在家的院墙里面一样。在整篇文章中也许是最神秘的那一瞬间,这一点表露无遗,至少在反复阅读之后会有这样的看法。读者一旦发现了故事的"内容","认知不确定性"或不可判定性就不再与简单的事件或事实相关,而是与它们的意义有关。这篇文章中有一个极为异乎寻常之处,它的内容显然无足轻重,而它呈现的意义与此形成鲜明的对比。它只是一个随意的言论,却造成了致命的结局。二人爬到塔顶以便欣赏全景,克拉拉呼唤纳塔内尔来看一个奇怪的景象:

"快看那个奇怪的小灌木丛，它似乎在向我们移动。"克拉拉说。纳塔内尔机械地抓住他衣服侧面的口袋；在口袋中他找到了科波拉（Coppola）的小望远镜（Perspektiv），他举起望远镜向旁边看（sideways）——克拉拉就站在玻璃（指望远镜）前！——于是他的脉搏和血管开始剧烈地跳动起来——他盯着克拉拉，脸色犹如死一般的苍白，但很快地，目光散乱，眼中闪现一阵阵愤怒的火花，他恐怖地大叫着，像一头被追捕的野兽；然后他高高地跃起，一会儿发出可怕的狂笑声，一会儿又尖声叫着"小木偶转过来，转过来小木偶"——然后猛地用力抓住克拉拉，试图把她扔下（平台）。（p.362）

由于我已经对那个奇怪的举动"向旁边看（sideways）"[13]发表过评论，在此只针对引起纳塔内尔发疯并想要把克拉拉扔下去摔死的那短短一句话进行评论。在故事的开始，小贩科波拉进门推销他的货物，这是个非常普通的场景，与之相比，这个简短的句子一样平淡，并没有更突兀、更富有戏剧性。这个句子非常简单，那就是："克拉拉就站在玻璃（指望远镜）前！（Clara stand vor dem Glase!）"弗洛伊德在他的评论中完全忽略了这个短句，然而这个句子处于一个非常关键的位置。我想表达的观点同样也很简单：这句话，尤其是它的惊叹号，明显就是法语中所称的"自

---

[13] 参见塞缪尔·韦伯，《幻灯秀》（The Sideshow）。

由间接引语（style indirecte libre）"，在德语中称为体验式表述（erlebte Rede）的一个例子。它在语法上以第三人称的形式进行表达，并由此表明与被描述的事物保持一定的距离；但惊叹号的使用产生了一种第一人称叙述角度才会具有的紧迫感。正是这种难以分解的第一人称和第三人称、自我和本我（ego和id，我们应该还记得，在德语中，弗洛伊德使用了更符合语言习惯的代词Ich和Es）视角的混淆，表现出了某种纳塔内尔难以承受的神秘发现，并在语法上把简单的肯定句变成了一句感叹句："克拉拉就站在玻璃（指望远镜）前！"

但克拉拉站在什么样的玻璃（指望远镜）前面呢？在德文原文中，从头至尾用来指玻璃的词是Perspektiv。很显然，从17世纪开始，这个词就用来指望远镜——一种辅助性的光学仪器，用以弥补视觉器官的不足。没有什么能比它更适于用来表现弗洛伊德的阉割故事了：此时此刻，望远镜注定就是一种用来制造那个不可能实现的愿望的技术装置，那就是希望使不可见的事物变得可见，从而发现同一性（the Same）无处不在。但是，与同一性——例如，一样的壁橱，或与父亲穿着一样的衣服——相反，这个装置让他更近距离看到的是不可避免的分离：眼珠与眼窝的分离，望远镜与它展示的景象分离，与透过望远镜看到景象的眼睛的分离。科波拉的"望远镜"的"另一侧"就是他的名字意大利语所指：眼睛。眼睛从眼窝中分离，过上了它们自己的生活，"像木偶一样"在一个圈中循环往复地转着，永无休止，身体剩下的只有眼窝。对纳塔内尔而言，留下的就是这个圈本身，凝聚着他对那个再也无法看见的情景的希望，及其最终命运的确认——假如他能够看见的话——那就是"旋转的火圈（Feuerkreis dreh dich）"。（p.362）在这个火圈里，没有任何人、任何东西可以维持原状，所以纳塔内尔别无选择，只能离开这个火圈，又一次开始他的冒险一跃：这一次不是跃向舞台获得新生，而是跳入死亡。

值得一提的是，科波拉是一个出售商品的小贩，他出售的是"美丽的眼睛（德语用Sköne Oke，被'外语'意大利语分隔开）"，实际上它们就是一种在技术上对人体功能的弥补装置，它也证明了人类不具备某种视力。这些"美丽的眼睛"就是今天被称为电视的装置的前身，虽然年代久远但依旧可以辨认——有着几乎一样神秘的效果。[14]

那么，这最后一幕场景表明，神秘性无法脱离视角（perspective）问题而存在，对于这个德语词的两种含义都是如此。没有一个观察角度是合适的、可以独立完成的；因此为了弥补这种不足，不可避免地需要某种辅助性措施，需要一个小望远镜。但像这件商品一样，这个视角也永远无法被绝对地据为己有：它只能处于不停地循环传递之中，并在循环传递中与其他视角合并又与它们分开。这种传递永远不会转过一圈回到原处，因此它无处不曾扰动，无人能够保持完好无损。信件没有被送到预定的人手中，引起了

---

[14] 我在文章《电视：布景与银幕》(Television: Set and Screen) 中已经对其中一些内容进行过讨论。参见《大众传媒》(Mass Mediauras)，斯坦福大学出版社，1996年，第108—128页。

不必要的、预料之外的反应。纳塔内尔给他朋友洛塔尔（Lothar）的信被错投到洛塔尔的妹妹克拉拉那里，而且令他恼火的是，她回复了这封原本不打算让她看的信（原因现在很明显：这封信本来应该是男人之间的事［Männersache］）。但是，从某个角度看，他者——另一个女人，女人作为他者——的始料未及而无法避免的干涉，只会让人觉得有些神秘：太过熟悉，然而又是难以忽略的陌生。

就算有真实现身说法的体验，无论是霍夫曼的睡魔故事中"新的"第三人称叙述者或是详细记录了露西小姐故事的弗洛伊德，都无法消除这种神秘性；因为，就像睡魔一样，它已经深入作用于每一个家和家庭生活的中心，侵蚀、破坏了所有的权威，正如自由间接引语混淆了给人以权威性的第三人称叙述和让人身临其境的第一人称叙述之间的界限一样。⑮

令人怀疑的不仅是"第三人称叙事"的权威性，还有读者作为旁观者的姿态。实际上，神秘具有的戏剧性恰恰存在于它将所有观察角度都囊括到一个剧本，因而该剧本不能被简单地看作一幕场景（spectacle）。这也是这类戏剧特性与传统意义上的"理论"之区别所在：不再可能与我们所讨论的剧情保持稳定可靠的隔离。在将观众纳入戏剧场景，将叙述者写入剧本的过程中，表

---

⑮ 参见V.沃洛希洛夫（V. Vblosinov）著《马克思主义与语言哲学》（*Marxismus und Sprachphilosophie*），由雷娜特·霍尔曼（Renate Horlemann）翻译成德语，柏林Ullstein Verlag出版社，1975年，第186页及其后。

现出某种混合交融的特征。（观众和叙述者的）"位置"和"视角"变成了某个过程中的"角色"和"组成部分"，而这个过程永远不能将它的所有动作行为组合在一起，变成一个整体或成品（work）。这个过程经常在表面上稳定平衡的主客体对立统一的场景的幕后发挥作用，正是这样的认识使我们将它冷落在一边，因为对它太熟悉，也因为它稍微有点不光彩。

大多数学术论文和研究对于神秘性都采取回避态度，不过这种做法并没有消除它的影响。相反，像睡魔一样，神秘带着惊人的恢复能力，在令人最意想不到之处一次又一次地冒出来：作为一种修辞格，一种故事气氛，抑或作为寓言式的例子。例如，越来越近的脚步声、沉重的呼吸声、喘气或咳嗽声，或其他不完全清晰的声音，诸如此类的描述都向我们宣告神秘的形象和情景的存在，它们反过来提醒我们，要清楚地区分语言和现实、感知和情景、我们知道之物和我们忽视之物有多么困难。对睡魔这个形象的详细刻画标志着，在这个地方，有什么和没有什么，在和不在，正在到来和离去不再能清楚地区分。

或许，这种无法控制的可能性——一定程度上失去控制的可能性——可以解释为何神秘一直都是一个边缘概念，甚至在精神分析领域内也是如此。因为在今天，一如弗洛伊德终其一生所致力于其中的，精神分析试图为自己建立稳定的理论机制，立足于这样一种实践和理论基础，即尽可能不对它所置身于其中的社会盛行的已确立的真理观和价值标准提出疑问。然而，就像幼小的纳塔内尔刚开始以为自己处于一个安全的、隔离开的、旁观者的空间，后来在那个他先是目睹，而后跳入其中的场景的影响下被迫放弃了立足点，即置身事外的旁观者位置，这些真理观和价值标准恰恰也预先为自己假设了这样一种空间、场所和定位。尽管纳塔内尔的一跳并非出于他的本意，通过那冒险一跳，他也就放弃了那段其实从未真正保护他或阻止他参与到场景中的安全距离。与他的位置一起改变的是他的角色。也许，正是这种角色，使神秘本身变得如此神秘：如此熟悉，甚至平淡无奇，然而又如此难以形容，难以把握。

正如弗洛伊德本人也不得不承认的那样，无论有多么含蓄，神秘性很难与"认知不确定性"区分开，因为它对所有判断的基础以及区分所依据的立场提出了质疑。自笛卡儿（Descartes）（提出独立自主的主体的理论）以来，对"确定性"的探索就一直是构建并捍卫一个自主主体的动力。拥有独立自主的主体是神秘性的条件，而神秘性则如影随形地困扰着这个主体。尽管对笛卡儿而言，获得确定性的本质条件就是，主体从某个由于其异己性而不再能依赖的世界退回来，然而，这种退缩只是一个幻觉，一个难以维持的构想，正是这一发现促成了他的错误认知，而错误的认知则构成了神秘。有可能，笛卡儿的"我思"的自反性与它试图代替的世界一样也通过介导形成，与它自己也保持着同样的距离，因此也就与那个世界一样的"确定"或安全可靠。这是一个难以彻底根除的怀疑，它滋生滋养着这种神秘性。纳塔内尔躲在帘子后面，他相信自己已经亲眼发现了谁是真正的睡魔。他相信他已经用一个真实的恰当的名字来代替"睡魔"这个比喻性的称呼。但实际上他想出的名字只是某个表意链上的一环，解开了它本意想要闭合完整的内容："Coppelius（科佩琉斯）"化身"Coppola（科波拉）"，那个出售望远镜的小贩，正如前面已经指出的，他的名字表示"眼窝"或"空洞的"，但其发音又让人联想到Copula（连系动词）。睡魔"是"那个律师。律师"是"卖望远镜的小贩，而他的名字让人想起述谓结构的作用词（operator）本身。但这个"is"吃（ißt）了它的单一而明确的意义，在这样消费它的意义的过程中，这个is（ist）在句中作为带有分离性的连接词出现，既形成分歧又共存，作为其中的组成部分，又永远无法成为一个整体。这是一种没有经过评价的判断。"克拉拉站在镜子前面！"小说从未告诉我们，纳塔内尔是看见她站在镜子前面，还是没有看见。作为读者，故事留给我们的只是惊叹号的力量，它强调了一下但没有表明动作的持续时间。克拉拉站在镜子前面！就是这样。

也许惊叹号代替了句号这一做法有助于解释为何神秘在理论表述中，无论是在精神分析论文还是其他论文中，一直都被排挤在外围边缘的原因。因为它混淆了预言和评判，让某些形式的"客观描述性的"话语看上去总像是"希望是那样"。在学术上人们仍然坚持知晓和不知是相互排斥的，而语类的混合给这一学术观念带来了挑战。

神秘的事件

　　我想重新解读的第二个文本与弗洛伊德的文章有很大的不同，至少在表面上看如此。当然，它也涉及对文学作品的解读。然而，我们所讨论的文本不是现代的，与自我意识问题无关。相反，它与人类的本质有关，或者至少它是以这种面貌出现的。这个文本摘自索福克勒斯（Sophocles）的《安提戈涅》（*Antigone*）的第二合唱诗，解读者是马丁·海德格尔（Martin Heidegger）。在他的《形而上学导论》（*Introduction to Metaphysics*）一书的最后一章，在讨论巴门尼德（Parmenides）的著名且令人费解的格言——to gar auto noein estin te kai einai，通常被翻译为"思维与存在同一"⑯——时，他对这篇文章做了分析。按照海德格尔的看法，这个传统的翻译"思维与存在同一"过于简单表面化，具有欺骗性，需要深入发掘内涵重新解读。这个过程的第一步，就是重新回到索福克勒斯的文本中。在此，对诗歌作品的使用沿袭了一个长期的根深蒂固的哲学传统：借助文学作品来处理更艰涩、更严肃、更难理解的哲学主题，这是一种基本研究方法。和弗洛伊德一样，在海德格尔的解读中，神秘性处于一个非同寻常的地位，对于增进我们的理解起到了重要作用。对弗洛伊德而言，关键当然是对心智的理解；对海德格尔而言，则是对存在的理解。

---

⑯　海德格尔，《形而上学导论》，拉尔夫·曼海姆翻译，纽黑文耶鲁大学出版社，1959年，第145页。

因此，在这两者的著作中，对神秘的讨论都占据了一个重要的空间，边缘界限清晰：一旦对它做出清楚的描述（如弗洛伊德在关于神秘的文章中，而海德格尔首先在《存在与时间》[1927年]一书中，后来，第二次，也是最后一次，在《形而上学导论》——始于1935年的系列讲座——中都讨论了这一主题），无论是弗洛伊德还是海德格尔都不会再回到神秘性这一主题上。

在介绍索福克勒斯的诗篇时，海德格尔清楚地阐明了为何对神秘主题的研究对他而言只是一个过渡，尽管他给予该诗篇以及其中关于神秘性的描写很高的评价。海德格尔认为，这首合唱诗清晰地表达了"人类的重大使命（entscheidende Bestimmung）"（p.112/p.146）⑰。但是这个"决定性的（ent-scheidende）"使命同时也是任何人需要与之分离（scheiden）的，也就是说，与"人类"这个表达分离。简而言之，什么是神秘，至少对海德格尔而言，就是对"人类"的这样一种认知，它把自己定义为某种脱离自身，变成其他再熟悉不过而又不相容、奇怪并具有异乎寻常的强大力量的存在。

正是这种对力量而不是对恐惧、焦虑或欲望的强调，把海德格尔对神秘的讨论与弗洛伊德的论述区分开来。海德格尔翻译的合唱诗非常清楚地反映了这一特点。我已经把它翻译成了英语，

---

⑰ 本文中所有的英文引文都由我翻译而来。正文中括号内的参照页码分别指德文版和英文版的页码，以便读者将我的译文与已正式出版的译文进行比较。

在句法结构上尽可能忠实于原文⑱。

Multiple is the uncanny, yet nothing

shows itself, beyond man more uncannily **jutting** forth.

He sets out on the **foaming** tide

in the south storm of winter

and crosses the crests

of the wildly cleft waves.

Of the Gods even the most sublime, the Earth,

he exhausts, indestructibly inexhaustible

overturning it from year to year,

driving back and forth with steeds

the plows.

Also the light-winged flock of birds

he entraps and hunts

the beasts of the wild

and the oceans native hosts——

---

⑱ "Wörtlichkeit der Syntax"——"逐字语法（verbatim syntax）"是瓦尔特·本雅明提出的翻译最高标准。在《本雅明的可……性》（Benjamin's -abilities）（哈佛大学出版社，即将出版）一文中我称之为可译性，并对此有详细的讨论。该文章的德语版已出版，题为"不可翻译（Un-Überserzbarkeit）"，载于《其他语言》（Die Sprache der Anderen）上，由安塞尔姆·哈维坎普（Anselm Haverkamp）主编，法兰克福 Zeir Schriften, Fischer 出版社，1997年，第121—146页。

circumspectly **meditating** man.
He overwhelms with tricks the animal
that roams the mountains by night and wanders,
the raw-maned neck of the steed
and the untamed bull
with wood the neck **enclosing**
he forces under the yoke.

Also in the resonances of the word
and in wind-swift all-understanding
he found himself, also in the courage
of rule over cities.
Also how to escape he has considered,
from exposure to the arrows
of the weather, also the inclemency of frost.

Everywhere **making** his way, but with no way out
he comes to naught.
Against one assault only unable, against death,
through any flight ever to defend himself,
even if debilitation through illness
he has successfully avoided.

Possessed of his wits, fabrication
skillfully **mastering** bcyond all expectation,
he succumbs at times to misfortune
still, at times accomplishes great things.
Between the laws of the Earth and the
conjured order of the Gods he wends his way.
Rising fa above the sites, deprived of the sites,
is he, to whom always **Unbeing being**
for the sake of the venture.

Not my hearth will be familiar to such a one,
nor share with me his madness my knowledge,
who brings this to be in a work.

世间虽然多神秘，
却没有什么比人更奇异；
在冬日狂暴的南风下
迎着翻腾喧嚣的大海
劈波斩浪，奋勇前行；
就连诸神中最崇高而不朽的大地之神，
也疲于应对，
因为他坚持不懈而不知疲倦地
驱赶着马儿，来回犁地

一年又一年。
他架起网兜儿，诱捕成群的飞鸟，
猎杀凶猛的野兽，捕捞大海中的游鱼——
他可真是聪明；
他用计战胜了夜晚在群山中游荡的猛兽，
降服了狂放不羁的野马，
驯化了桀骜不驯的野牛，
使它们引颈受轭。

拥有了语言的力量，和像风一样迅捷而无所不及的思想，
适应了城邦的治理规则，
还有如何躲避恶劣天气，
一切危险尽在掌握，
雨雪风霜能奈我何。

他四处探寻，但没有出路
一切都是徒劳。
面对死亡他无能为力，
用尽一切努力也无法抵挡，就算他曾经成功地战胜疾病
的威胁。

他机智过人，善用计谋，
超乎所有人的想象，

有时候屈服于厄运，有时候又成就大业。
游走在大地的法律和天神的旨意之间
在道路上越走越远。
他的城邦，在大地之上耸立又被剥夺，
他总是不在又在，
因为他的胆大妄为。

我不愿这样的人出现在我的家里，
也不会像他一样疯狂，
他就喜欢这么干。

（pp.112-113 /pp.146-148）

  这些加粗的词和短语有一个共同点。它们全是由现在分词构成的副词或副词短语，如突出（jutting）、起泡沫（foaming）、翻转（overturning）、驾驭（driving）、沉思（meditating）、围住（enclosing）、制作（making）、掌握（mastering）、升起（rising），还有最重要的，不存在（unbeing being）。这样，这首诗从一种"存在"方式的角度对人进行了定义，对于这种定义来说，"不存在（unbeing）"和"存在（being）"不再是简单的对立或可明显区分。语言学上，存在和不存在的意义表达趋于一致的"时态"就是现在分词以及由它构成的状语名词——例如"being"和"unbeing"之类的名词。现在分词通常用来表示一直都在我们周围进行的活动或过程,还有什么能比它更普通、更让人熟悉、更让人"习惯(heimisch)"呢?但如果我们更仔细地检查这个时态,我们就会发现,这些正在进行的状态,虽然反复一再出现,却从来不会兜了一圈又回到原处,从来不会"回家",也从来不会闭合完整。因此,相对于那些以现在陈述语气形式"is"为基础的现在时变化形式,这个现在分词表明了与它们的某种背离。在《形而上学导论》中,海德格尔选中了这个"is"作为"对存在的遗忘(forgetting of being)"的范式,或者更恰当地说,把它当作"存在(being)"和"存在物(beings)"之间的本体性差异的范式。[19]然而,我们随即就会发现,在英语中,这种差异已经变模糊了,因为Sein(是或存在,to be)这个动词不定式构成的名词的意思由动名词being来解释,而being正是海德格尔试图要与Sein进行区分的。似乎英语语言本身就是储存对存在之遗忘(Seinsvergessenheit),收藏本体性差异的仓库。

除非这种本体性差异本身不可避免地与现在分词和它的众多变体有联系。正是由于这种猜测,促使我们对海德格尔的翻译,以及更大范围地,对他关于《安提戈涅》中这首合唱诗的讨论进行一番仔细的研究。他对该文本的解读分为三步走,或者说是"快速阅读"(当然,要时刻记住,像海德格尔这样的思想者通常是走路,甚至时不时地昂首阔步向前,但从来不跑)。第一次解读旨在辨别文本的内部结构,从对希腊语单词deinon的模糊含义的

---

[19] 海德格尔,《形而上学导论》,第69—70页。

讨论开始。deinon的最高级to deinotaton用来表示"人":海德格尔有时将deinon翻译成"压倒性的",有时又译成"强有力的",分别表示压倒性的强大力量和力量的运用。人是最奇异的,最强有力的(to deinotaton),人强行越过他熟悉的领域的边界,变得"势不可挡"。

值得注意的是,与弗洛伊德一样,海德格尔也通过单词本身模棱两可的含义来分析uncanny这个词。但他所采用的模棱两可的含义与弗洛伊德的相同吗?对弗洛伊德而言,"uncanny(神秘的,怪异可怕的)(unheimlich,阴森的,令人害怕的)"是"canny(狡猾的,精明的)(heimlich,秘密的,偷偷的)"的一个子集,"canny"一词本身既包括"熟悉的",也包括"隐匿的"含义。相反,在解释为何deinon应该被译成unheimlich(阴森的,令人害怕的)时,海德格尔似乎接受了对立逻辑:"我们把神秘性(the uncanny)理解为是那些把我们抛离'自在、熟悉感'的东西……神秘性让我们无法像'在家(einheimisch)'一样。这就是它让人觉得势不可挡的原因。"然而,他随即又进一步论述说,对人类而言,这种神秘性体验并非来自外部力量,而是其内心最深处的组成部分。按照合唱诗的描述,人被迫舍弃一切熟悉的事物——如家园、国家、家庭等,这种强制措施将他暴露在势不可挡的力量的威胁之下,他必须努力寻找出路。海德格尔从希腊语pantoporos aporos ep'ouden erchetai(可以简单地译为"always, no way[一直找,却没有路]",或更完整地译为"他四处找路,但没有出路/一切徒劳")中读出的正是这种奋力前行和迷茫徒劳的感受。海德格尔指出，这种语言的自相矛盾在下一段与"polis（城邦，场所）"有关的诗句中又一次出现，那就是hypsipolis apolis。人们很容易将它译成"高度政治化的非政治的（hyperpolitical apolitical）"，但是海德格尔提醒说，此处的"polis"既不是一个单纯的政治概念，也不是单纯地指一个城邦。相反，海德格尔坚持认为，此处的"polis"是指历史事件碰巧发生的地方。这些事件不可能发源自那些我们认为的政治机构，因为正是由于这些历史事件的发生，人类才第一次建立这些机构。这个地方，人类恰恰永远无法用他神秘的暴力真正占据。因此真正的暴力反而让人类无法"拥有"一个场所，一个栖息之地，无法让人类接受它的法则，并遵守它的边界。正是这种无能为力，将人类的力量和脆弱不可思议地融合在一起。

于是海德格尔对此提出了他的第二步解析，在这一步中他提出，沿着文本的动态发展过程回溯，现在要关注这首诗中按一定顺序出现的组成要素之间的句法关系，并在这种句法关系中对第一步中理解的语义内容进行再次解读。事实上，在第二次解读中，饱受争议的正是内容和含义方面的概念。但似乎又有些矛盾地，这次解读更关注于要素所处的位置和空间，而不是时间：人类放弃了脚下的坚实的土地，向未知世界进发。这个"开始"确立了以后所有要素的形态。在离开已知、探索未知的过程中，人类试图将他的规则强加于所有存在生命的领域。但是尽管他成功地掌握了组织和打开各个存在王国（realms of being）的伟大技能，他还是发现自己一次又一次地被抛回到他已经走过的道路上。简单地说，就像《睡魔》中的纳塔内尔一样，这里的人类也被困在一个圆圈中。"他在自己的圆中来回转圈"（p.121/p.157），陷于最熟悉不过的陈规老套中，尽管他是那么敏捷、聪明，能够发现各种通道，却没有通往外界的出路。在死亡面前，甚至连人类最强大的能力也被打败：因为死亡"超出了一切终结……超越了一切限制。"（p.121/p.158）于是在这里神秘就出现了：

> 但是，将人从家园彻底地驱逐出去的这种神秘，这种**远离乡土**，这种阴森可怕的事（dieses Un-heimliche），并非一个因为最终总会发生就值得关注的特殊事件。人类并非只在大限来临时无法摆脱死亡，而是一贯地、本质上就是如此。就人本身而言，在某种意义上可以说，他就行进在一条终点就是死亡的死胡同里。因此存在于斯（Da-sein）本来就是**神秘的偶然事件**。（p.121/p.158）

值得注意的是，当需要确切表达神秘为何不是，又如何不是什么"特殊事件"，既不是重要的，也不是可分隔开的，并且与作为具体事件的死亡没有什么关系时，海德格尔借助于动词"to happen（发生）（geschehend）"的现在分词（happening）来表明神秘的时效性，把神秘看作偶然情况，以此有别于作为经验性事件的死亡。鉴于他此前曾对体现了人的历史发展轨迹的循环特征以及容易在原地转圈的倾向进行评论，这种做法尤其值得关注。"火之圈……"，熟悉的圈子，家的圈子，往往会转变成更缺乏道德意义的唯我论之圈、无效重复之圈，以及，死亡之圈，在冒险、探索未知世界的过程中，人类很容易产生逃脱、冲破它们的束缚的渴望。但这种渴望假定人可以发现起源之源起，熟悉的圈子和家庭的圈子的外面。否则，人如何希望能够逃脱呢？

尽管我们开始认识到为什么海德格尔使用了一个具有军事含义的词语来描述这一向外的移动——aus-rücken，通俗地说就是"出征，开拔"，正如一支部队所做的那样——在这里，这个词语还有另一个让人很感兴趣的含义：从字面上看，aus-rücken也可以指"放弃承诺，打退堂鼓"。而且，由于就像海德格尔本身的用词选择所表明的那样，任何向前的移动同时必然产生一个向后的移动，挣脱的同时也意味着放弃或后退。这一合唱诗纯粹的军事语调也因此突然就蒙上了一层神秘的色彩。这种出发与后退的融合一体是否就是神秘情况的某个方面的表现呢？这种向前突破与向后撤退的合体非常神秘，因为它混淆了向前和向后、前进和后退在方向上的对立。那么，是什么样的"历史"事件，令海德格尔如此坚持认为是偶然发生的呢？

无论如何，海德格尔很清楚，"明确指出这种力量（Gewaltigen）和神秘（Unheimlichen）之后，对存在（being）和人类（human being）的诗歌表述已经达到了内在极致"。那后面紧接的就不可能有别的，就是对诗歌前半部分描述内容的总结，与它的"根本特质"联系起来，那就是我们之前已经讨论过的，强有力的（人类的）双重性。现在，这种双重性由另外两个术语techne和dike做出进一步的刻画。"Techne"一词并非单纯指技术，而是另有所指,一开始海德格尔将其翻译成Gemache,随后又在其评论中译成了Machenschaft。我把第一个词(Gemache)翻译成"fabrication(制造,编造)",把第二个词(Machenschaft)翻译成"machination(密谋,策划)"。对于Dike,海德格尔把它译成了Fug,也许可以把它译成英语的"articulation(接合,衔接;思想或情感的表达)"。幸运的是,比这个(不靠谱的)翻译更权威可靠的是这两股力量或立场相互冲突造成的结果,它们详细描述并进一步确定了"势不可挡的(力量)(Fug)"与"狂暴的(力量)(Gewalt-tätiger)"之间的关系。海德格尔认为,Techne,首先是一种"知识",但不是那种简单的认识事物的知识。相反,它需要一些诀窍,"把存在(Being)解释认知为'以这样的方式存在(the being of such)'和'这样一种存在状态(such a being)'"的能力(the ability to put Being to work as the being of such and such a being)(p.122/p.159)。为了描述这一过程与众不同的本质特征,海德格尔再一次借助于现在分词:开始工作(setting-to-work)就是存在于揭示性破坏中的being(eröffnendes Er-wirkendes Seins im Seienden)(p.122/p.159)。似乎这个果断的开始动作要求使用现在分词(eröffnendes, er-wirkende,分别是eröffnen和wirken的直陈式现在时变位)。又如,在他对这一过程的简要介绍中,他说:"暴力(Gewalt-tätigkeit)就是动用武力(Gewalt-brauchen)来反抗势不可挡的力量(das Überwältigend):认知(wissende)努力把目前为止被压制的存在(being)以此在(the being)(als das Seiende)的形式出现(Erscheinende,显现)。"(p.122/p.159)这就引出了海德格尔的第三步解读。

在这一明确而坚决的努力中开启存在（being）的过程，在一个既脆弱而短暂，同时又充满冲突的结果中结束。由此我们不得不描述一下我们都很熟悉的另一种不同的行动。时间将人类拽到生命的尽头，不仅仅是将人类推向消失的那一刻，同时也让人类通过自己给自己下定义，在无尽循环的同义反复表述中各得其所。从这恶魔般可怕的同义反复中逃离的唯一办法不在于冲破或摆脱，而在于退出，在某种程度上说，就是通过后手准备努力使这种重复不是简单地以同一事物毫无变化地折返回来。这需要结束这一努力（the work）才能实现，但又需要通过构建另一种行动（a work）允许这种结束。这一行动就是人类要做的事（the work），人类把它看作"突破（breach）"，它需要有一个非常特殊的场所："人类还是被迫进入这样一个存在于彼（being-there）之中，被迫需要这样一个存在，因为那势不可挡者（Overwhelming），作为一个这样的力量，为了让自己看起来占据支配地位（waltend zu erscheinen），需要让自己居于一个自由开放的空间。"（p.124/p.163）

结束这一努力（the work）开启了人类的突破所在，存在（Being）在这里崭露头角（erscheinend hereinbricht, p.124/p.163）。dike（势不可挡之力量）粉碎了人类构筑的障碍，粉碎了人类的技术和努力构筑的防线，所有这些出现的目的最终只是为了被彻底击垮。这样被彻底击垮后，人类被迫开放自身进行改变、转换、变形。因为只有在这种被迫的、剧烈的，有可能会产生暴力甚至崩溃的开放中，才有可能产生其他新的事物。

尽管海德格尔的分类范畴，尤其是对存在（being）的描述，明显有些停滞，他对神秘的讨论仍以所谓的暂时性分裂（disjunction）为基本设定。他坚持认为，就正在发生（geschehend, geschehen的现在分词）这一意义上来看，这种分裂本身就应该称之为"历史上的（geschichtlich）"。这种正在发生从来都不是完全可预测或可计算的，从来都不是简单地一个特定事物依赖于一个一般事物，就像一个部分依赖于一个整体一样。当这一正在发生的事件具有的特异性拒绝这种包容从属时（或者按黑格尔的说法，称为否认），这一事件就属于历史了。而表达这种拒绝最有力、最简单的方式，让人感到既熟悉又陌生，就在于现在分词的神秘性，在现在分词中，局部被作为某种重复呈现在我们眼前、耳边，但它却从来不是完整的，从来不会回到原始状态，随时会发生变化。

在哪里可以找到现在分词的存在呢？就在它反复再现的空隙（interstices）间。因此，现在分词最好地表达了海德格尔最终所描述的人类的定义：一次事故（Zwischen-fall），一次意外（incident），从字面看是"跌落于其间"。因此可以说人类"掉落于"现在分词一次又一次的重复之间的空隙中，人类就是现在分词呈现的这种过程的非连续所在的标记物，这些非连续的正在进行过程出现在这个既是"此时此地"同时又存在于"彼时彼地"的地方。我们该如何来解释这个既在此时此地又在彼时彼地的奇怪的"场所"呢？如我们所知，海德格尔把它称作一片"（森林中清理出来的）空地（Lichtung）"。但是这个场所的明暗关系对比很奇怪，表明此处很是神秘，这样奇特的明暗对照让人隐约想起它的另一个名字，它既意味着划界，又意味着开放。这个场所揭示了那些就其本身而言永远无法被看到的东西。

　　拉尔夫·曼海姆（Ralph Manheim）在翻译上面引用的《形而上学导论》的一段时，几乎就是把它当作一个事后补充想法的形式描述了这个名字："人被迫进入这样一种存在（being-there）之中，被抛入这样一种存在造成的痛苦之中，因为那个势不可挡的力量本身为了充分炫示它的力量，需要一个场地，一个用于展现自己的舞台场景（scene）（p.163）。"这块被开辟出来的场地（Stätte）在这里被指定作为一个"舞台场景"，在神秘性呈现过程中，同时又作为神秘性过程本身，展现那个势不可挡的力量。可以肯定的是，（与弗洛伊德相反）海德格尔并没有在任何地方使用与scene（舞台场景）相对应的德语措辞表达：stätte，意为场所，位置（site），它并没有什么特别与戏剧有关的意思。然而……只有某种特定的戏剧性可以达成海德格尔赋予这个场所的目的，不仅仅是因为这是一个披露或展示的场所，也因为这个地方必然会有伪装和误识。

　　最后，在对该合唱诗的最后一个诗节做出的有点尴尬的、草率的评论中，海德格尔总算注意到了合唱诗本身的存在形态，承认它是一个空间位置奇特的例子，即使它不是发生在剧院里，至少也和它一直在描述的"势不可挡的力量（dike）"和"技术（techne）"的冲突性关系有关，也就是与"势不可挡的力量表达（überwältigende Fug）"和"认知的暴力（Gewalt-tätigkeit des Wissens）"（p.126/p.165）之间既冲突又相互依存的关系有关。合唱诗的最后几行，不再描述事物，而是表达一种愿望或告诫，偏离了合唱诗前面部分貌似中立和透明的态度，深刻卷入到了所描述的内容中：在这样一个卷入中，表达了想要保护自己，准确地说是为了保护自己的家园和家庭，免遭前面所述冲突的伤害的愿望。但，正如小纳塔内尔发现假壁橱里藏着一个小火炉所表明的那样，合唱诗的内容同样表明，敌人已经悄悄地进入城内（intra muros），潜伏在家这个人类尽其所能保护并享有特权的舞台。海德格尔对这段合唱诗的翻译采用了虚拟语气，以此表达了这种胆怯的愿望和决心，想要保护它的"知识（knowledge）（mein Wissen）"，避免对诗歌前面内容所描述的行为产生"妄想（Wähnen）"。但前面内容所述的与其说是某一特定类型的英雄人物，不如说就是人类本身，至少海德格尔是这么认为的。那么，又怎么能保护我的知识（mein Wissen）免受人类错误行径的干扰破坏呢？因为人类必然会卷入到欲望、幻觉、欺骗中，卷入妄想（Wähnen）之中。肯定不是通过对家园和制度的保护（正如《安提戈涅》中极力描述的那样），也不是像海德格尔的另外一些文字所表明的那样，将它创作成一个戏剧作品流传以警示后人。相反地，恰恰就在作品的详细分解研读中，就算没有得到精心的保护，知识也得以保存了下来，而海德格尔选择忽视这种作品，虽然他非常准确指出这是合唱诗的矛盾之处——既参与表演又试图与它保持安全距离。正是这样无法实现的割裂的愿望在上演，构成了这种作品的戏剧性，而这种作品也只是一个片段（Stück），其中的一幕（pièce）；它是一场永远无法与其他部分构成一个整体的表演。

神秘恰恰出现于该"作品"紊乱的戏剧性中，也许正是这一特质从根本上让经典美学视戏剧为媒介，而不是一种艺术体裁。与这个作品（合唱诗）不同，戏剧表演从来都不是自足而完整的：它只有处于"演绎（execution）"之中才"是"戏剧，这种"演绎"对形式要求少于表演（performance），或者更确切地说，是伪装（deformance），它的短暂性就是那种出乎意料的、非连续呈现的，亚里士多德式的（Aristotelian）剧情转折（peripeteia），一种戏剧性变化（coup de théâtre）。戏剧表演就在这种"戏剧性变化"和它留下的轨迹之间保持不动（suspended）。如瓦尔特·本雅明（Walter Benjamin）所说，戏剧主要是"Exponierung des Anwesenden"，"展示现在"，或更字面化地理解，"正在呈现"。[20] 现在分词不可收回地把现在暴露给一个神秘而又充满戏剧性，但仍然有些不体面的行为。与此相应地，从戏剧或场景的角度上说，戏剧性被认为应该是对本质的偏离，也就是对事物本身的偏离。我们只需再读一下《诗学》（Poetics），就可以看到亚里士多德（Aristotle）是如何避免对这种以场景方式呈现的媒介进行直接相关的任何过度评价，而宁愿选择讨论悲剧以什么方式表现某个特

---

[20] 瓦尔特·本雅明，《作为产品创作者的作者》（Der Autor als Produzent），七卷本德文标准版《本雅明作品全集》（GS）第二卷第2页，法兰克福：美因河畔苏尔坎普出版社，1980年，第698页。

定内容、情节，以便使该内容或情节更有意义、更具整体性。但是，与亚里士多德提倡的"统摄全局式"观察角度不同，在海德格尔或弗洛伊德的文章中我们都可以发现，不仅有来自观众角度的题献，还有从多个难以忽略的分开视角的详细刻画，在它的具体场景中和剧本整体上都是如此。

弗洛伊德一次又一次地问，为什么（梦的）某些主题和事件——例如一只被从身体分离的手——有时显得很神秘，有时却不是？这个反复出现的问题充分体现了弗洛伊德自身的认知不确定性，它不断纠缠着他试图摒弃耶恩奇提出的"认知不确定性"概念，从而从这位前辈手中夺取神秘性问题的主导权的一切努力。弗洛伊德努力对这一问题做出最终的明确解答，下面是他的最后一次表述。

> 答案很容易给出。它是这样的（Sie lautet）：在这个故事中，我们关注（wir [werden] eingestellt）的不是公主的感觉，而是那个"聪明的窃贼"的超级狡猾。公主可能还是会感到神秘，甚至我们也可以承认公主晕倒是合理的，但我们并不觉得有什么神秘之处，因为我们没有将自己置于她的位置，而是站在另一个人（窃贼）的角度（看待所发生的事）。[21]

那么，最终来说，神秘与否和观察角度、站位等因素密不可

---

[21] 弗洛伊德，《怪怖者》（*Das Unheimliche*），《标准版》第十二卷，第267页。

分，因此也就和观众与场景、剧情与观众之间的关系密不可分。是否神秘的关键不多不少，就在于"我们将自己放在他人的位置，设身处地为他人着想"的倾向。对弗洛伊德而言，这个"他人的位置"肯定不是"公主"，而是狡猾的"窃贼"所占据的位置。但是，正如海德格尔对合唱诗的解读所揭示的那样，再怎么"狡猾"都不行，没有任何窃贼能够手段娴熟到可以悄然摆脱（窃取）那种永远以现在分词的角度呈现自己的存在（神秘性），因为这种角度总在变化，复合叠加而又充满歧义，永远不会汇入某个整体之中。

塞缪尔·韦伯
1999年7月于巴黎

第一部分

精神分析的分裂

如果我们希望客观公正地对待精神的这种特殊性,我们就决不能试图对它做出线条式的明确描述,就像线描或原始绘画那样,而是应该用模糊化的颜色区域来表示,就像现代油画那样。在我们大致进行区分之后,又必须允许我们之前区分出来的东西再一次融合。我们试着让这一难以捉摸的精神领域能够通俗易懂,对于这种初步尝试,不要过于苛求。

——弗洛伊德,《引论新编》
(*New Introductory Lectures*)

走自己的路

1920年，由于战后生活拮据，弗洛伊德考虑为一本美国杂志撰写系列文章。他为该系列文章的第一篇拟定的题目是"不要在辩论中使用精神分析"（"Don't use Psychoanalysis in Polemics"）。①这暗示着，在之前几年的精神分析学术研究中，辩论占据了重要位置。自1910年以来，弗洛伊德的精神分析思想和实践引发的抵抗活动又呈现出一些新的形式。在此之前，对精神分析持反对意见的人士宁愿对这种新出现的学术运动视而不见，而不愿去直接面对。然而，一旦精神分析在一定范围内成功地站稳脚跟，这样采取无视的策略就不再有效。这个转折点的出现，与1910年在弗洛伊德倡议下，国际精神分析协会（International Psychoanalytic Association, IPA）成立有关。四年后，即1914年，弗洛伊德在描述促使他发起成立这一协会的因素时，这样形容："（精神分析学说）在美国很受欢迎……在德语国家反对势力日渐

---

① 欧内斯特·琼斯，《弗洛伊德的生活与工作》（*The Life and Work of Sigmund Freud*）第三卷，伦敦，1957年，第30页。

增长,在瑞士苏黎世则受到始料未及的支持。"(S. E. 14, 42)[②]

精神分析运动在孤立中问世。但是随着它不断成长并且日渐受到更多人的认可和关注,新的问题接踵而至。对于其中一些问题,弗洛伊德希望通过新成立的协会来处理:

> 我认为有必要成立一个正式机构,因为我担心精神分析一旦推广开来,会遭到滥用。应该有一个总部,由它来负责发表如下声明:所有那些毫无根据的说法和精神分析无关,它们不是精神分析。(S. E. 14, 43)

该协会旨在充当一个最高裁判庭,维护精神分析的纯粹性和统一性,然而它的工作更多地在于对抗那些试图模糊精神分析内外界限的企图,而不是用来对抗外来攻击。从此以后,精神分析与其他学科的分界线就完全处于国际精神分析协会的看护之下。同时,协会还肩负着加强管理协会内部的精神分析运动的任务,这主要通过规范精神分析师的培训(换句话说,就是从针对精神分析圈外转向圈内),以及定期主办会议,鼓励协会成员之间"友

[②] 弗洛伊德的引文尽可能地参考诺顿(Norton)出版公司的版本。除此之外,《标准版西格蒙德·弗洛伊德心理学著作全集二十四卷本》(伦敦霍加斯出版社,1953—1966年),包括卷号和页码,在正文的括号中给出。然而,在几乎所有的情况下,我都重新翻译了所引用的段落,引用《标准版》是为了给读者了解上下文和译文比较提供帮助。

好交流……互相支持"等途径来完成。(S. E. 14, 44)③

然而，随之而来的交流，却和"友好"相差甚远。国际精神分析协会不仅没有成为（成立初衷的）"互相支持"之来源，相反，几乎从一开始它就成了一个战场，这表明精神分析的最大威胁不再仅仅来自外部，而是源于内部。国际精神分析协会在成立的最初几年完全处于分裂和冲突之中，整个机构陷于瘫痪，几乎毁掉它原本想借此捍卫的精神分析运动，这段历史众所周知。关于这些斗争的意义，却很少有人问及，更不用说深入探讨了。

欧内斯特·琼斯（Ernest Jones），作为精神分析协会的领导成员，记录了该运动的前后过程。他试图为早期的冲突做出解释——或者说，为它们开脱——把它们说成是一种成立初期的弊病，一门初创的科学在成长过程中的烦恼，随着它的不断发展成熟，这些问题最终会消失无踪。琼斯认为，某些分析师神经过敏，不愿承认弗洛伊德思想的学术权威性，这本质上只是个人问题，而当时精神分析培训仍处于落后状态，尤其是培训分析的不足或缺位，是导致这个问题的主要原因所在。④

这一解释呼应了当时弗洛伊德为自己所进行的辩护，然而，它并不能解释琼斯本人认为的，精神分析所独有的一个特征，即相较于其他"科学"，精神分析在处理内部人士之间的冲突时，经

---

③ 简言之，国际精神分析协会的组织结构很像是一个集体的自我，弗洛伊德认为："自我是一种组织。它建立在所有组成部分之间保持自由交往，有可能进行相互影响的基础之上。"《抑制、症状和焦虑》，纽约诺顿出版公司，1959年，第24页。

④ 琼斯，《弗洛伊德的生活与工作》第二卷，第143页。

历过一段尤其艰难的时光。琼斯对这个问题做了追溯分析,把它看作与"潜意识调查"有关的一类特殊的"研究资料(对象)",他认为,这一类研究对象尤其喜欢"从某些个人偏好的角度"来做出重新解释。⑤然而,为什么是这样,以及它是否可能指向一些让精神分析有别于自然科学——或是说有别于"科学"本身——的结构性差异,琼斯本人对这个问题也并未继续探讨。不过,精神分析运动制度化尝试才刚起步,各种分歧立刻随之出现,或许这种分歧就是该项运动自身的产物,而不仅仅是个人能力不足或整体不成熟的结果。这种可能性需要进一步调查研究。⑥

但在我们开始探讨这个问题之前,让我们简要地回顾一下相关事件。1911年,即国际精神分析协会成立一年之后,阿尔弗雷德·阿德勒(Alfred Adler),这位曾被弗洛伊德指定接替自己领导维也纳精神分析学会的接班人,辞职并建立了"自由精神分析学会"。又过一年,威廉·斯特克尔(Wilhelm Stekel),国际精神分析协会官方刊物《精神分析学导报》(*Zentralblatt für Psychoanalyse*)的编辑,也脱离了这个运动。最后,1913年,历史又见证了一次无法弥补的分裂,协会的首任主席,亦是弗洛伊

---

⑤ 琼斯,《弗洛伊德的生活与工作》第二卷,第145页。

⑥ 近年来,制度化问题在精神分析文献中引起了越来越多的关注。在其法国经历的背景下,弗朗索瓦·鲁斯唐的研究,1976年发表于巴黎的《如此致命的命运》(*Un destin si funeste*),值得特别提及。作为雅克·拉康创立的弗洛伊德学院(1980年又被他解散)的一名成员,毫无疑问,鲁斯唐的研究受到他作为其中一员时遇到的问题所驱使,他试图将精神分析运动的制度问题追溯到弗洛伊德与其追随者之间的关系上。

德指定为继承人的荣格（Jung）也离开并自立门派。弗洛伊德曾经希望能将自己的权威"移情"到荣格身上，因而荣格的离去，可以说是第一次非常严重的"负移情"的状况，不仅仅影响到个人，也影响到了这个精神分析机构。

在这里我使用了"移情"这个术语，虽然这是在以治疗面目出现的分析场景之外，不过这还是有道理的，不仅仅是因为弗洛伊德本人用这个词来形容他和两位背叛者——阿德勒和荣格——之间的关系⑦，更重要的是，弗洛伊德在描述中明确地把冲突设定在移情的作用力场内，因为他认为，它受潜意识因素的控制。然而，在讨论事件过程时（在《论精神分析运动的历史》[History of the Psychoanalytic Movement]一书中，S. E. 14），弗洛伊德却奇怪地颠倒了通常的角色分配：与分析时的情形不同，在这里据说是移情主体——弗洛伊德本人——自愿而有意识地采取行动，而那些移情"对象"——阿德勒和荣格——则被描述成被潜意识动机所强迫。"（潜意识）无法容忍另一个人的权威"，弗洛伊德写道，荣格"自身仍然不太能够支配它"（S. E. 14, 43）。在这里，潜意识在含蓄地拒绝接受迁移过来的情感，而不是在把情感迁移至对方的行动中，显示了自己的存在。这一拒绝造成的最明显后果，就是使人对移情主体和移情内容——弗洛伊德和他的权

---

⑦ "我觉得有必要把这个权威移交给一个更年轻的人，在我死后他理所当然地会接替我的位置。这个人只能是荣格……"（《论精神分析运动的历史》，纽约诺顿出版公司，1966年，第43页）。

威——都产生了怀疑。⑧这位精神分析学说的奠基者没有低估这一挑战的严重性，因为无法再把它归咎于圈外人对精神分析一无所知。尽管如此，他还是希望避免引发一场公开的冲突。在和苏黎世学派决裂后不久，他写信给费伦茨（Ferenczi）说：

> 真理在我们这边，我确信这一点，就像十五年前一样……我从未参与论战。我的习惯是默默地拒绝，然后走

---

⑧ 这样的冲突局势正是鲁斯唐的调查研究对象的一种典型情况。他得出结论：基于弗洛伊德及其追随者的共同需要，他们需要合作共谋，相互承认和确认他们在这个等级体系中各自的位置。值得一提的是，在鲁斯唐所考察的众多冲突中，有个明显的缺失：阿德勒的冲突。

鉴于鲁斯唐关于权力斗争的概念，这种疏漏具有特殊的意义。他认为，这种权力斗争是弗洛伊德与他的追随者之间关系中所特有的。事实上，鲁斯唐对这些斗争的讨论中出现的主体概念似乎更接近于阿德勒的主体概念，而不是弗洛伊德的。鲁斯唐倾向于采用诸如"渴望自我/对自我的渴望""独自发言""为自己写作"等表述，都暗含着一种自我（ego［=self］）的自主性，这更接近美国的自我心理学，而不是弗洛伊德的心理学，考虑到鲁斯唐相对于拉康的密切关系，这又是相当矛盾的。

不过，事实上，即使是拉康学派传统中最独立、最具批判性的分析师之一，也应该使用我们所描述的"自我的语言"，这并不像看上去那样矛盾。因为只要拉康学派研究精神分析的方法倾向于在存在于无意识欲望中的"象征性"秩序与充满自恋的自我中的"想象性"秩序两者之间建立起对立和等级关系，后者就很容易被当作一个辩论对象，从而模糊了对自恋问题做进一步反思的必要性。

缺乏这样的反思，就很容易陷入自我的语言和"立场"中，而这正是我们在鲁斯唐的书中可以发现的，当然除此之外此书还是极具启发性的。相反，这些研究的目的之一，在于证明某种自恋是如何形成精神分析思维中难以逾越的、充满冲突的认知界线，而且，也正因为如此，任何试图去勾勒出一个"超越"自恋的领域的努力——无论是拉康（欲望的象征秩序）还是弗洛伊德自己的尝试——都不可避免地取决于它所寻求超越的对象。

我自己的路。⑨

而实际上，如果弗洛伊德的方式正如此类声明所表明的那样干脆的话，他就没有必要陷入论战，也不用去关注那些已经偏离原有轨道的曾经的追随者。然而，至少在外行的眼里——或许不仅仅是外行——像阿德勒和荣格这样的重要人物的背叛表明，精神分析存在多种可能，每一种都宣称自己是真理所在。面对这种严峻形势，弗洛伊德不可避免地要捍卫他的分析方式的正统地位，并借此完成国际精神分析协会成立之初既定的功能，即制定规则，明确什么可以被称为精神分析，什么又不是。这个任务就落到了弗洛伊德身上，于是《论精神分析运动的历史》一书由此而生：

> 从我作为唯一的一名精神分析师以来，已经过了多年，我想我有充分的理由坚持认为，时至今日，仍没有人能比我更清楚精神分析究竟是什么，它和其他探究心理活动的方式是如何不同，以及哪些方式可以准确地被称为精神分析，哪些方式用其他名字来描述更合适。（S. E. 14, 7）

在精神分析之名处于如此危急的形势下，除了它的创立者，精神分析之父以外，又有谁能决定什么配得上精神分析之名，什么又配不上呢？然而弗洛伊德对精神分析之名的捍卫行动甚至比

---

⑨　1913年5月8日的信，引自琼斯《弗洛伊德的生活与工作》第二卷，第168页。

他那被人质疑的立场更为脆弱。因为精神分析的美名只能在它本身允许的范围内受到捍卫。恰恰就在这里，困难出现了。精神分析，尽管是个有关冲突的理论，按照弗洛伊德的说法，它本身却很不适合作为调解冲突的手段：

> 然而，精神分析并不适合用于辩论；它以预先获得被分析对象的认同为前提，而且分析者与分析对象处于一种主导与从属的状态下。因此，任何人，若将精神分析用于辩论目的，一定会预料到被分析者也会反过来用精神分析手法来对抗他，因而讨论就会进入一种奇怪的状态，完全不可能让任何中立的第三者相信双方的论述。（S. E. 14, 49）

出于这些考虑，弗洛伊德在对付那些背叛者时，对批判对象做了严格限定：他声称，他既不会把他们作为个体来分析，也不会对他们思想中的固有性质做任何评判，而只是"向人们展示他们的理论如何与精神分析的基本原则相抵触（以及在哪些方面相抵触）"，并以此为由认为它们不应被称为精神分析。（S. E. 14, 50）

在《论精神分析运动的历史》一书充满辩论气息的第三部分的开始，弗洛伊德就做出了这个声明，但接下来的所作所为恰恰是他宣称要避免的：对他的反对者们进行个人分析并对其思想的内在合理性进行评价。就其本身而言，这种一百八十度的大转弯并不令人奇怪；辩论性地划清界限不可避免地会有贬低对手的行为，因为这种对差异性的申明，与宣称对方所持观点较自己低级，两者几乎难以区分。然而，让弗洛伊德的辩论与众不同的地方在于，他的声明既不简单，也没有明确画出界限，而且没有最终结论。他为了剥夺那些"分离派（secessions）"——其德语称为Abfallsbewegungen（倒退者），比它的英语译词更具暗示意味——对精神分析的冠名资格而挑起的那些争吵就像这个名字所暗示的那样，倒退回它们的出发点，也就是弗洛伊德最初挑起争论、打算拔高并保护的东西，回归精神分析本身。精神分析也由此而先遭到名誉污损，而后又被卷入一场它也曾试图避免的冲突中，这场冲突的前沿边界日渐模糊，直到我们开始思考精神分析究竟是什么，或精神分析正走向何方。

关于自恋

对异端邪说的谴责意味着必须确认什么是正统概念。弗洛伊德想要说精神分析不是什么,就必须说明它是什么。因此他定义了精神分析学说的三个根本观点,并宣称那些曾经的追随者已经放弃了这些观点,借此开始向阿德勒和荣格宣战。弗洛伊德提出的理论就是"压抑,神经官能症中的性动机,以及潜意识"三大概念。(S. E. 14, 50)这样建立起精神分析必不可少的理论基础之后,弗洛伊德进一步确切地证明这两个背叛者是如何偏离这些基本概念的。随之而来的辩论表明,他们在精神分析上的分歧并不仅限于个人学说观点不同,而是涉及更基本的层面,即形成理论见解的思维方式。弗洛伊德说,"精神分析从未宣称要提供一个全面的关于人类一般精神状况的理论"(S. E. 14, 50),这个经过深思熟虑,自我施加的限制从根本上将他的理论与两个曾经的追随者区分开来。在提到阿德勒时更为直接,弗洛伊德说:

> 阿德勒的理论从一开始就是一个"体系",这正是精神分析一直小心翼翼要避免的。这也是"二度润饰"的一个非

常好的例子，例如，发生在梦境的材料通过清醒的思想行为提交的过程中。在阿德勒的情况中，通过精神分析研究获得的新材料取代了梦的内容占据的位置；因此这些新材料完全是通过自我的观察角度获得的，被归入自我熟悉的分类范畴下，被转译、歪曲以及就像梦的形成过程中会出现的，也就是被错误理解。而且，构成阿德勒的理论的主要特征的，与其说是那些他宣称的，不如说是他否定的那些观点。（S. E. 14, 50）

这样，弗洛伊德援引梦的解析理论来批评阿德勒，认为阿德勒的思想等同于梦的"二度润饰"，只是用来歪曲它的真正含义，并最终认定阿德勒的理论不配称作精神分析。尽管阿德勒主张要提供一个通用的理论，一个体系，但也许正因为是这样，他的思想更易于被精神分析接纳和理解。弗洛伊德暗示，正是因为精神分析看起来似乎"知道"自己的界限，所以能够吸收阿德勒的"体系"并对其做出解释，吸收了其中哪怕有些微价值的东西，而摒弃其余部分。这种摒弃与弗洛伊德一贯用以指责他们的"Abfallsbewegung（背叛、倒退行径）"一词并无不同：这个词不仅表示一种背离，偏离正确的精神分析道路，也表示一种排泄废物的动作。而且，这个带有屎的意味，在一句弗洛伊德用来作为第三部分内容开始前的引言中也有所预示，它来自歌德（Goethe）的《浮士德》（*Faust*）："Mach es kurz! Am Jüngsten Tag ist's nur ein Furz!（粗粗地翻译一下就是'总而言之，简直就是放屁！'）"

但是同化吸收和摒弃的过程并没有弗洛伊德预想的那样简单，这一点从他自己所做的一个评论中可以看出来。1932年，阿德勒和精神分析决裂并自立门户多年以后，弗洛伊德提到，阿德勒的心理学仍然像"寄生虫般地存在……打着精神分析的旗号"（S. E. 22, 140）。即使是一只寄生虫，若没有"宿主"与之有着某种共谋，也是无法茁壮生长的。对于这一点，弗洛伊德却宁愿不去多想。然而显然具有重大意义的是，在他的一本晚期著作《可终止与难以终止的精神分析》（Analysis Terminable and Interminable）的结论中，弗洛伊德不仅提到了他的"阉割之石（rock of castration）"概念，而且还间接引用了阿德勒的"男性抗议"理论，而多年前他曾对这个理论予以断然的遣责。①

弗洛伊德诸如此类一连串令人迷惑的举动，由于他针对阿德勒的特定指控而显得尤为惹人注目。因为断言某个理论以"二度润饰"的方式运作，不仅仅是在坚持认为该理论自己不知所云（对一个理论阐述来说，问题已经足够严重），而且比这更糟糕，它企图误导他人的正确认知。"二度润饰"清楚表明这不仅仅是愚昧无知，更是一种掩饰和欺骗的策略；我们只需阅读一下《梦的解析》（The Interpretation of Dreams），即弗洛伊德首次提出这种说法的地方，即可发现"二度润饰"是如何运作的，以及为什么要这样做。

弗洛伊德在"梦的运作"一章的内容中提出这个概念，称

---

① 《标准版》第二十三卷，第250页。

它是梦的象征式呈现的第四个加工机制,通过这一作用,梦既清楚表达又掩饰了那些冲突性欲望。然而,与其他三个加工进程——凝缩、移置及(将欲望表达视觉化)呈现(Rücksicht auf Darstellbarkeit——也许将该术语译成"舞台布景呈现"更合适)——相比,二度润饰或修正,尽管对梦至关重要,却绝非潜意识活动所特有。相反,它包含了一种"与我们清醒状态下的想法毫无分别的心理运作方式"(S. E. 5, 489)。正是凭借这种熟悉性,它才得以在梦的运作中实现它的任务,即制造一种合理的假象,一种似是而非的可理解性,旨在掩饰梦的伪装,使之能被意识接受。通过二度润饰,梦的要素"看起来有一定的意义,但这个意义和它们真正的含义却有天壤之别。"(S. E. 5, 490)

"二度润饰"因而被描述成一个解释过程,本质上是潜意识的,清醒意识有着合乎逻辑和理性的期望,"二度润饰"旨在用一种符合这种期望的方式,重新组织和呈现梦的材料,摆脱做梦者意识的追踪,使之失去线索。结果,那些看起来条理极为清晰、明白易懂的梦事实上恰恰是最具欺骗性的:

> 如果对它们进行分析,我们就会相信,就是在这些梦里,"二度润饰"极大自由随意地对梦的材料进行了加工,并尽可能地破坏它们之间的内在联系。可以说,这些梦在被提交给清醒状态下的意识之前,已经被编译过一次。(S. E. 5, 490)

假如把这种机制归因于"审查机制,而我们迄今为止对它的认识只停留在它对梦的内容的限制和遗漏方面",那么在这里这位审查者明显表现出了一种新的、更为积极的作用。通过二度润饰,它"插补和添加了一些内容"(S. E. 5, 489),弗洛伊德将这些结果描述为意识思想的一个延续:

> 我们清醒状态下的意识(前意识)对于它所面对的任何概念性材料的行为方式,就是我们正在思考的审查机制对待梦的内容的处理方式。在那些内容中建立秩序、相互间建立联系,并使之形成一个可理解的完整表达,以符合我们的期盼,这是我们清醒意识的天性。实际上,我们在这方面做得太过头。一个擅长耍花招的老手能够利用我们的这种认知习惯来欺骗我们。在我们努力把呈现给我们的感官印象梳理形成一个条理清晰的脉络的过程中,我们经常会陷入这种非常奇怪的错误当中,甚至会篡改摆在我们面前的材料的真相。(S. E. 5, 499)

弗洛伊德引证的关于这种倾向的第一个例子与阅读有关:

> 在阅读中,我们会忽略那些破坏我们感觉的印刷错误,并形成一种错觉,认为我们所读的是正确的。(S. E. 5, 499)

我们希望弄明白我们所看到的事物,正是这样一种欲望为二度润饰绘制极为真实的错觉提供了可能:我们清醒状态下的头脑是如此渴望发现真实含义，以至于很容易忽视其中的谬误，以获取那些看起来合理的东西。弗洛伊德坚持认为，这种轻信并非仅存在于一些特别容易受骗的个体之中：就其本身而言，它也是清醒思维的一个主要特征，这就为二度润饰的"有倾向性修正"打开了方便之门。

这里弗洛伊德使用了"有倾向性"一词，预示了未来他对诙谐的研究，因为他在研究诙谐时将它分成了"无害的"和"有倾向性的"两个基本类别。但是二度润饰和诙谐之间的密切联系远不止于两者共同分享这种积极主动的意图。重要的是，这两种情况下的积极主动行为都和潜意识的行为方式有关，潜意识需要以这样的方式谋求理性思维的支持以推行潜意识想要的结果。就像二度润饰一样，对"可理解的完整性的预期"使得诙谐的实现成为可能。在后面讨论弗洛伊德的诙谐理论时，我还会回到这一问题，做出更详细的论述。在此，我只是提醒大家注意弗洛伊德是怎么描述二度润饰的运作的，他认为这种运作是潜意识针对意识，或者是以意识为代价开的一个玩笑：

> 如果要让我从周围找出什么东西与一个梦经过正常思维整理之后呈现的最终形式进行比较，我想再也没有比《飞叶》（*Fliegende Blätter*，一本幽默杂志）中神秘费解的铭文更合适了，长久以来该杂志一直以此来娱乐读者。它们企图让读者相信，某个特定的句子——为了制造反差，会借用一个用方言表述的、极尽可能粗俗的句子——是个拉丁铭文。为了

达到这个目的,单词中的字母被从它们所处的前后文中拽出,分解成简单的音节并按新的顺序重新排列。铭文的有些地方会零星地出现真正的拉丁词;在有些地方我们看到的似乎是拉丁词的缩略,还有一些地方我们可能接受这种欺骗,忽略这些毫无意义的孤零零的字母,假设它们已被污损或是支离破碎的。如果我们想避免被这个玩笑迷惑(wenn wir dem Scherze nicht aufsitzen wollen),我们就必须不理会任何使它看起来像是铭文的因素,紧盯住那些字母,忽略它们的表面编排,从而把它们组装成属于我们自己母语的单词。(S. E. 5, 500−501)

要正确地解读梦,我们必须抵制按照既定的顺序"寻找意义"的一贯做法,相反,我们必须做好分析准备,把那些表面上的结构单元拆解成单独的"字母"组件,然后将它们重新编排,成为某种尽管不如"我们的母语"熟悉,但仍然可以与之做比较参照的语言。这个解读过程的前提是我们要有充分的进行文字游戏的心理准备,这准备足以克制想认出这个熟悉语言(即铭文中的假拉丁文)并直接接受其含义的渴望。在弗洛伊德看来,这种渴望——作为梦的解析的主要障碍所在——是某一类人的典型特征,他们顾名思义地、几乎注定会在这些玩笑面前"上当(受骗)(dem Scherze…aufsitzen)",这一类人就是哲学家。弗洛伊德引用海涅的话说,哲学家企图"用他睡衣上的零碎玩意儿……来填补宇宙计划中的窟窿",就像二度润饰将"梦的结构中的断隙"予以填充完整一样（S. E. 5, 490）。哲学容易成为二度润饰的诡计完美的"替罪羊"，这一特性表明，与其说哲学是对智慧的热爱，不如说它是对智慧的恐惧：phobosophie（恐惧智慧）。

对哲学，或者对某一特定形式的理性思考的这种形象刻画，在《图腾与禁忌》（*Totem and Taboo*）一书中再度受到弗洛伊德的关注，他在其中又一次对二度润饰进行了讨论。弗洛伊德称"万物有灵论"是"关于宇宙的第一个完整理论"（S. E. 13, 94），在这样一个语境中，他从精神分析角度出发，用二度润饰的概念来解释这样的系统性思考意味着什么。

> 对梦的活动的作品所做的二度润饰就是这一体系的本性及其牵强自负表现的绝好例子。在我们的思维中，有一种理性认知功能，要求任何材料具有统一性、关联性和可理解性，不管这些材料是知觉上的还是思想上的，从而使之处于掌控之中；如果因为一些特殊情况，无法建立真正的对应关系，它就会毫不犹豫地编织出一个假的联系。（S. E. 13, 95）

与他在《梦的解析》中对这个概念的使用进行比较后可以发现，弗洛伊德极大地延伸了二度润饰的使用范围。它的掩饰作用现在看上去不再局限于梦的运作，而是变成了系统性思考所带有的普遍性特征。然而，这个延伸带来了新的问题：如果说，在梦中，二度润饰在审查机能的影响下运作——它本身就是那些卷入梦的愿望表达中的各种冲突的一种作用——那么，在有意识的、系统性的思想中，与之对应的审查者又是什么呢？弗洛伊德声称，"我们的思想中存在着一种努力要求完整的理性认知功能"，但他的这种说法只不过转移了问题所指。这种"认知功能"如何提出要求？借助什么资源实现？或者，更确切地说：在什么条件下，这种"理性认知功能"能够获取力量来提出要求，并迫使这些要求被接受？

虽然在《图腾与禁忌》中这个问题从未被明确阐述，但弗洛伊德在讨论万物有灵论时也受其影响，并做出了部分回应。让万物有灵论不仅成为系统思维的系统性发展先驱，而且是典型代表的原因，在于系统性思考倾向于"从一个单一的视角把宇宙当作一个统一体来理解"，它努力想要"彻底完整地解释宇宙的本质"。（S. E. 13, 77）统一性和整体性是影响并塑造万物有灵论的两大范式，它们让万物有灵论成了所有系统性思考的范本：必须涵盖世间万物，无所不包，无所不适。

万物有灵论这种无所不包、综合全面的特质指向它在心理学上对应的相关概念：自恋。在他写《图腾与禁忌》一书的时候，弗洛伊德仍然在很大程度上把自恋当作一种遗传现象来解释，而不是如他后期理论中那样，从更偏重结构性的角度进行分析。结果弗洛伊德把自恋描述成一个阶段，在这个阶段

> 原来各自孤立的性驱动力已经汇聚成一个单一的整体，并且找到了情感灌注的对象。但是这个对象不是一个和主体毫不相干的外部对象，而是他本身的自我，一个与他本身几乎同

时生成的对象。(S. E. 13, 89)

万物有灵论企图从统一性和整体性的角度来理解外部世界，这种企图可以说就是心智中新近形成的统一体——自恋的自我的想法。它默许的这种单一视角和涵盖一切的理解反映出自我是个复合的统一体。而且，由于"该自恋机构从未被彻底放弃"，由于"一个人即使已经为他的力比多找到了外部贯注对象，之后仍会在一定程度上保留自恋的特质"，因此，我们有理由假定，就像自恋一样，万物有灵论也会在人类历史中一直存续，并不亚于在个体发展历史中的表现。看起来系统性思维正是这种理论展示其存在的表现形态之一。

那么，如果那个要求"统一、关联和可理解"的"理性认知功能"能够强行贯彻它的要求，这一行动所需的力量现在看来似乎有了一个明确的来源：那个充盈着力比多的、自恋的自我。系统性思维按照自我这个精神机构的想象来组织这个世界。我们称之为"体系"的理性架构结果却表明它自己在起源上就是自恋的，完全就像它的构造：是推测性的（speculative），从词源学的意义上来看（speculative这个词具有镜子、反射之意），就像自我的镜像，而且这个"体系"也"恐惧智慧"。如果让它去填补宇宙知识大厦的"缺口和裂隙"，它所担心的裂隙反而会进一步加剧。弗洛伊德描述的，对"可理解的完整性的期盼"，对连贯的意义的期盼，这样看来不过是自我做出的反应，企图捍卫它那为冲突所困扰的凝聚性，对抗同样普遍存在于自我之中的一切以我为中心的倾向。对意义的追求、构建、合成、统一等行动，不能接受任何不可归纳而不相容的内容，又不能容忍残留一点点无法解释之处——所有这些都体现了自我建立并维持一个同一性而做出的众多努力，尽管这个同一性更加摇摇欲坠、更加脆弱，因为它建立在那些它必须予以摒弃排除的东西之上。总而言之，就是自我为了占据一个外在性——如弗洛伊德后来描述的，这一外在性只是"有组织条理的部分"②——而做出种种努力，推测性的、系统性的思考则从中获得所需的力量。

现在回到弗洛伊德对阿德勒的评价上，弗洛伊德形容阿德勒一方面具有"非凡的才能，且具有独特的善于猜测的性格"，然而在另一方面，在"判断潜意识材料方面的天赋"平庸。要是没有之前的分析，我们会认为这只是个自相矛盾的说法，但是现在我们不再感到迷惑。(《论精神分析运动的历史》，p.50）因为，被弗洛伊德认定与自恋、系统化和二度润饰有关的猜测不是一种适合用来"判断潜意识材料"的思想，因为它恰恰被强行用来否认它本身潜意识的影响。至少，这是弗洛伊德对阿德勒和荣格所做的裁定的核心所在。这种姿态的言外之意无疑就是，真正的精神分析和它的背叛者（Abfallsbewegungen）之间，就像潜意识和二度润饰之间的关系一样：后者完全被前者控制，它为前者提供的服务恰恰就是模糊行为。

但是我们又能把这种类比使用到什么程度呢？我们能说这些

---

② "确实，自我是本我有组织的部分。"《抑制、症状和焦虑》，第23页。

精神分析背叛者不仅隐匿了他们对精神分析真实的依赖——就像弗洛伊德所说的那样——而且在隐瞒的同时还为精神分析的利益服务吗（弗洛伊德理所当然会否认这一点）？这就意味着，如同潜意识一样，精神分析作为一种有目的有组织的行为模式，其让人感兴趣之所在必须依赖于某种特定的自我伪装，就像梦一样，为了实现其功能，必须对其真实本性进行伪装，同时还对这个伪装过程做一番伪装。考虑到精神分析必然会带来实践也会形成理论，如果它们可行的前提条件需要这样一个双重伪装，我们又该如何做出解释呢？

只要弗洛伊德借助潜意识来确立自己的精神分析权威地位，对抗、压制其竞争对手，这些问题就很难避免——尽管它们看起来像是诡辩。只有通过以潜意识的名义来发表言论，精神分析才能主张自己拥有这样的权威，同时将阿德勒和荣格的学说贬为理论版的"二度润饰"——也就是说，是某种形式的虚假理性，实际上并不知道它在说些什么。但是如果阿德勒和荣格的学说是二度润饰的典型，弗洛伊德自己的理论又是什么呢？弗洛伊德认为，一切系统性思想都存在着自恋倾向，那么，对于试图构建并清楚阐述潜意识的精神分析而言，它这样的理论尝试及其结果能免于带有这种自恋倾向吗？由于任何理论都必然有赖于系统性的理解，因此看起来所有理性解释和理论化行为都难以摆脱这种困扰，弗洛伊德关于精神分析从来就不是世界观（Weltanschauung）的声明就能让精神分析免于掉进这个坑里吗？

在本书中，这个问题自始至终困扰着我们。为了继续探讨这个问题，我们先把注意力从弗洛伊德为两个对手总结归纳的普遍性评论中移开，来看一下他对他们各自的理论体系的不同论述方式。因为尽管他对两者都做了批驳，弗洛伊德还是坚持认为在阿德勒和荣格之间有一个重要区别，而他也毫不掩饰他的偏好。

在所讨论的这两种理论走向中，毫无疑问，阿德勒的论述更为重要；它还是有一致性和条理性的，尽管是极端错误的。而且，不管怎样，它建立在冲动理论的基础上。与此相反，荣格修正后的理论，则解除了（梦的内容）……与性本能活动（Triebleben）之间的密切联系；而且……是如此的模糊，不可理解和混乱，以至于无法对其表明任何态度立场。无论想要理解它的哪一部分内容，都必须做好准备，听说谁谁又误解它了；人们会不知所措，不知道该如何正确理解它。它以一种特殊的模棱两可的方式出现在人们眼前（Sie stellt sich selbst in eigentümlich schwankender Weise vor）。③

---

③ 《抑制、症状和焦虑》，第60页。鲁斯唐将弗洛伊德与荣格的关系描述成一种倾向性偏执（弗洛伊德）与精神分裂（荣格）思想形态之间的关系，并认为弗洛伊德最终将两者统一，形成了一种"新的理论建构"（《如此致命的命运》，第73页）。在我将在本研究中阐述的术语中，我把这种新的理论建构称为Auseinandersetzung（意为辩论，争执，较量，清算）运动，一种"分离"，它是弗洛伊德的"偏执"努力和荣格的"精神分裂"倾向共同作用形成的冲突结果，前者（弗洛伊德）试图通过构建两者之间的对立，来做出判断和决定，实现精神分析组织系统化，而后者（荣格）试图取代和扰乱这种决定。

弗洛伊德对两种理论的比较让他产生了一个奇怪的结论：他谴责阿德勒的理论过于系统化（也就是说，过于自恋），却认为荣格不够系统化而更糟糕。他认为，阿德勒的理论至少还可以说是"极端错误的"，但是荣格的理论连这都算不上：他的学说是如此难以解释，如此飘忽不定（schwankend），就是说根本无法明确它在说什么。那么，如果程度适中的连贯性、一致性以及系统性是一个理论不可或缺的，问题依旧存在：多大程度算是适中？或者也可以说，是什么样的一致性、系统性？

众所周知，弗洛伊德有意避免正面回答这些问题。经过前面的讨论，他进行回避的原因可能更容易理解。在极少数场合他也会就这个问题做出回应，其中之一就是在《梦的解析》中——几乎是附带性或一带而过地——他冒险对理论应该是什么做了一个言简意赅的定义：

> 一个与梦有关的，从某个特定的角度对所观察到的尽可能多的特征做出解释，同时对大多数梦的现象具有的形态做出定义的见解（eine Aussage），可以称之为梦的理论。（S. E. 4, 75）

要有资格成为一个理论，一个阐释必须具有包容性、广泛性及可概括性：简而言之，就是系统性。而且这样一个阐释的初始位置必须由从某个特定的"视角"所做的观察构成。但是，这样一个观察角度能否避免变成其他那些被弗洛伊德谴责的人所采用的那种视角,即自我的立场呢?理论又能在多大程度上摆脱作为自恋内在构成的自我欺骗呢?这就是弗洛伊德的论辩带来的问题,要对这个问题做出回答的不仅包括两个"倒退者",也包括精神分析本身。

观察，描述，形象化语言

弗洛伊德拒绝接受阿德勒提出的"男性抗议（masculine protest）"概念，那是因为他认为阿德勒会理所当然地接受自我（ego）的概念，但实际上只有将自我放在它得以形成的环境背景中才能做出正确理解。弗洛伊德根本没有将自我看作心理学理论的建立基础，相反，他只是把它看作一个"构成性实体（zusammengesetzte Einhelt）"，这个概念来自并且依赖于一些它自身范围之外领域的、还需要做精细调查的过程。在他那篇关于自恋的文章中——在某些方面看，该文章加剧了他对阿德勒的批评——弗洛伊德强调说，"很难设想个体中从最开始就存在着一个可以称得上是自我的统一体；自我只能逐渐形成并发展"。（S. E. 14, 77）

自我的这一发展过程很难与自恋的动态变化以及力比多冲突进行区分，在冲突中发展本身也会做出相应调整。作为精神分析领域发展的助推器，阿德勒关于"男性抗议"的概念假定存在一个根据性别差异区别对待且已经被赋予某个身份并需要捍卫这一身份的主体。如果说弗洛伊德的自恋概念把冲突设定在这个主体之中，并最终归入自我之中，那么"男性抗议"的观点则把冲突置于自我和他者之间。

这个从一开始就存在一个自我（ego，作为施事主体）或自身（self，与他人相对应）的假设就是以下段落中弗洛伊德所要批判的对象：

> 从最开始那一刻，精神分析研究就认识到"男性抗议"的存在和意义，但一直认为它在本质上属于自恋的表现，源于阉割情结，与阿德勒的观点相反。它和性格形成有关，和许多其他因素一起构成了性格的最初形态，但它完全不足以解释神经官能症问题，而阿德勒只考虑神经官能症为自我的兴趣服务的方式，完全不考虑它们的其他表现。（S. E. 14, 92）

对弗洛伊德来说，这里涉及的不仅仅是一个概念上的差异，而且是不同理论建构模式上的根本区别。他举了一个非常重要的例子，试图以此来解释这个差异：

> 让我们考虑一下这样一个基本情景，在这个情景中我们可以察觉到婴儿期的性欲：一个小孩对成人之间性行为的观察。分析表明，有些人——对于他们的生活经历，分析师后来曾做仔细研究分析——此刻他们作为尚年幼［unmündigen］的旁观者，心中萌生了两种冲动。如果这个旁观者是男孩，他的其中一个冲动是想要将他自己置于主动的男性位置，而另一个冲动则具有相反的倾向，对被动的女性表示认同。这两种冲动之间的作用消耗了这个情景带来快乐的可能。只有第一种冲动可以被"男性抗议"同化吸收，

如果这个概念尚有一丁点意义的话。第二种冲动……阿德勒忽略了……他只考虑了那些符合自我的意图并受到自我的激励的冲动。(S. E. 14, 54)

对弗洛伊德来说,在这个原初情景中主体所处的情境有一个显著特征,那就是构成上的分裂:该小孩受到两股彼此不同方向、互相排斥的欲望的驱使。这个始发处就是个充满矛盾之所在,而自我则要据此进行调整变化。但是,对弗洛伊德来说,自我的身份和统一性将总是带有这种不统一的特征,且由这样的不统一性构建形成,而自我不断试图对这种不统一进行组织协调。

弗洛伊德称,阿德勒只会认同其中的一种努力,即成为"处于主动地位的男性"的倾向。阿德勒理论的主体并没有被定义成一个冲突性欲望的结果,与此相反,该主体把这种冲突看作一种来自外部的威胁,并对威胁提出抗议。诸如该主体害怕它渴望成为的对象,同时又渴望成为它害怕的那个对象;或者希望同时出现于两个位置,抑或是三个位置,此类观点根本没有出现在阿德勒的理论中,他的理论一开始就预设了一个统一完整的主体。该理论把这样一个主体作为自己的研究对象,同时,这种统一性也构成了该理论视角的主要特征:"男性抗议"概念中隐含的这种统一性可能就是它想要建立的理论表述。作为理论架构和理论研究对象,"男性抗议"给阿德勒的理论提供了一个坚定、持久的立足点。弗洛伊德批判的正是自我的这一"立足点":这个点让该主体——从根本上说,就是理论主体——有了自己的立场。

从这个意义上来看，阿德勒的理论意味着不是简单地抛弃一个或多个精神分析概念，或许更重要的是，它意味着如果不借助于一个原始的、基础性的、统一的参照点，就无法有效支撑一个试图清楚解释那些复杂而充满矛盾冲突的过程的思维模式。由于一个理论的身份特征由它构建的研究对象决定，精神分析理论也必须做好准备，必须认识到，它试图描述的动态冲突过程也构成了它自身发展演变过程的一部分。

如果，对于精神分析来说，该主体的身份不再是一个原始或最根本的参照点，而是——就像自我那样——一个极度矛盾的、多少有些不安全可靠的"妥协形态"，是它试图协调组织却永远无法完全控制的多方力量冲突又妥协形成的结果，那么这个努力想要清楚阐释这种事态的理论，其自身也一样是非常可疑或矛盾的。因为，像自我本身一样，它也将无法从固定的、完整的、超越经验的视角对自己做出定义。若要假定自己站在这样一个视角，就像阿德勒试图建立他的"男性抗议"理论那样，就是要迫使自己进行系统性的自我欺骗，通过预先设定自己（Self）和系统（System）并骗自己相信。弗洛伊德引用了另一个场景对这种欺骗进行解释。这是一个博人眼球的场面，和我们刚刚说过的原初场景并无关联：

> 在这里，自我扮演了一个很可笑的角色，就像马戏团中的小丑角，挥舞着手臂，做出各种动作，努力想让观众相信，场上的每个变化都是按照他的命令执行的。但是只有最幼稚的孩童才会相信这一点。（S. E. 14, 53）

这个丑角——德语中称为"der dumme August"——就是阿德勒的理论，就像它设想的自我一样，似乎在控制着演出，实际上它只是在其中扮演着一个微不足道的角色。但这个角色恰恰体现在弗洛伊德所描述的模仿之中。它揭示了为什么自我既是认知的场所也是假象之所在，以及为什么认知和假象是如此难以区分。就算二者能进行有效区分——当然，这也是包括弗洛伊德理论在内的任何理论正确的必要前提——也只能通过反思，同时考虑到场景地貌因素，才能区别开来。然而该场景地貌的与众不同之处就是它永远无法被完全、彻底看明白：丑角只是节目表演的一部分，观众也是这样。虽然说那些最年幼的观众任由自己被丑角的表演所欺骗，那也是因为他们不愿意被场景本身迷惑。而且，正如那个原初场景（Urszene）所表明的那样，儿童的自我有一种保持距离的合理需求。

但这个距离只是貌似有理，因为"圆形马戏场"只是弗洛伊德用来形容潜意识的那个"其他场景"的又一个形象。正如弗洛伊德有关梦的论述所清楚表明的那样，在潜意识的舞台上，所看见的任何对象都不是简单明了的，所有潜意识表达的多数"视觉信息"都是这样：

> 梦的幻象不会仅仅停留在对象的纯表象上，本质上它被迫将梦的自我牵涉入它表现的内容之中，从而制造出一个行为或情节（Handlung）。比如，一个受视觉刺激产生的梦可能会表现为梦到大街上的金币；做梦者在梦中会高兴地捡起金币，然后离开。（S. E. 14, 53）

梦可能表现为做梦者带着战利品逃跑，但这么做的同时，也会表现出所有的梦都具有的基本情形：战利品是个诱饵，引诱做梦者出来，进入梦中。结果就是梦呈现的所有对象和偶发事件都变成了情节（Handlung）——不仅仅是"一般事件"，而是更为重要的，是故事、剧本、情节。而且，如果做梦者的自我也是参与者，一个表演者，他所扮演的角色并不是由他自己决定的。这个角色几乎很少是单一的：在梦中自我可能会以不同的人物形象呈现。但是自我的表演超出了梦呈现的内容表象，还包括了梦的表象的呈现过程本身，即梦的叙述。与普通意义上的愿望表达相反，这种叙述并非仅仅表现了一场梦的内容，在某种意义上这个梦是演给自己看的；只有在这个叙述过程中，也只有通过这个叙述过程，梦才能够成形并呈现出来，对于这个过程，弗洛伊德刻意地标明它不是展示（Darstellung），而是掩饰（Entstellung），包括扭曲、错位、毁损。如果说如此变形的表述对梦而言仍是"真实的"表述，那只是因为梦已经是一个变形、掩饰的过程。就像把观众和舞台表演隔离开的那段距离一样，叙述和故事之间的间隔并非空无一物，不是直白展示性的，而是一个经过掩饰变形的空间。总之，它是一个处于一直运动变化之中的空间。

这个空间给理论——一个拒绝接受"自我的视角"这个似是而非的保障的理论——留下什么样的位置呢？我们再来看一下弗洛伊德对阿德勒的批判，以寻找这个问题的答案：

这个体系是完整了；为了弄出这么一个体系，在重新做出解释时耗费了巨大的努力,然而却无法产生一个新的发现。我想我已经说得很清楚了,它和精神分析毫无关系。(《论精神分析运动的历史》,pp.57–58)

弗洛伊德在这里援引的范式——就像他在前面引用的《梦的解析》的段落中的做法那样——来描述一个真正可信的理论,就是观察(Beobachtung)。弗洛伊德一再坚称,猜测性、系统性的理论具有的自恋特性,就是它们缺乏观察的明证。弗洛伊德说,对于阿德勒而言,"观察只是个跳板,用于拔高自己然后无情地抛弃"。(《论精神分析运动的历史》,p.54)与此类似,荣格,"为了保持(他的)思想体系不受扰动",发现有必要"完全放弃观察和精神分析技巧"。(《论精神分析运动的历史》,pp.62–63)"观察和精神分析技巧"——那么,它们还是同一个东西吗?

至少弗洛伊德貌似经常这么认为。在他的文章《论自恋》(*On Narcissism*)——一篇标志着他与阿德勒和荣格划清界限的檄文——之中,弗洛伊德以高度纲领性的方式强调了观察对于精神分析的重要意义:

像自我—力比多,自我—驱动力(Ich-Triebenergie)这样的概念,既非特别的清晰,也不能有效加以区分(inhaltsreich genug);一个涉及这些复杂难懂的关系的猜测性理论最想要做的就是建立一个定义清晰的概念作为它的理论基础。但是,在我看来,这恰恰就是猜测性理论和建立在对实证数据（Deutung der Empiric）解释之上的科学之差别所在。后者不会羡慕猜测享有的那种流畅、逻辑上无懈可击的依据，而会乐于解决一些模糊的、难懂的、几乎难以想象的基本概念（kaum vorstellbaren Grundgedanken），并希望在自身的发展过程中能够更好地理解它们，当然如果有必要，还要做好随时替换的准备。因为一切理论学说并非建立在这些概念之上，观察才是基础，除此以外一概不是（dies ist allein die Beobachtung）。（S. E. 14, 77）

观察，唯有观察，才能为科学提供基础，使之与各种猜测性的思维形式区别开来。乍一看，弗洛伊德关于观察的主张看上去相当清楚、明了。然而就像别的地方一样，在这儿若仔细审视一下弗洛伊德的文字就会发现，它蕴含的主张远比第一眼看上去复杂得多。而且实际上，这里圈出的基本问题恰恰是与"乍一看"有关的问题。因为尽管弗洛伊德用观察来反对猜测，却不是以观感的直观性的名义提出来，因为这是一个所有精神分析材料均力图避免的概念。因此，尽管弗洛伊德坚持认为"观察本身"必定是科学思想的基础，他所描述的科学却是"建立在对实证数据的解释之上"的。那么，问题就在于如何具体说明这一端的观察和那一端的解释之间的关系。

在其晚年发表的文章——撰写于1938年的《精神分析纲要》（*Outline of Psychoanalysis*）——中，弗洛伊德回到了这个问题，并努力描述精神分析所特有的观察方式：

所有的科学都建立在经由我们的精神器官从中介导形成的观察和体验的基础之上。然而，由于我们的精神分析科学正好把该器官作为研究对象，因此这个类推就终止于此。我们也通过这个完全相同的感知器官，恰到好处地利用那些心智缺失的间隙地带（gaps in the psyche），运用就在身边触手可及的推论去补充这些被缺失遗忘之处，把这些遗漏转化成与意识相关的材料，从而形成我们的观察结论。（S. E. 23, 159）

精神分析观察的对象通常被认定为是消极而不是积极的，就像是"心智缺失的间隙地带"，这是个事实。在这里，又一次地，乍一看，似乎弗洛伊德试图仅仅根据这一事实就想说明精神分析观察的特殊性。这样做也不一定完全就错。然而仔细阅读弗洛伊德的文字就会发现更多的东西：如果分析观察依赖于"相同的感知器官"和"心智缺失的间隙地带"的帮助，这类间隙（Lücken）作为被观察者的一部分，同样也必定是观察者的一部分。这个结论不仅适用于作为个体的观察者，也适用于分析观察过程本身。强调这个差异非常重要，因为，在这里，不仅是作为个体的精神分析师处于不完全可靠的危险境地，而且作为一门新的"科学"概念，其可靠性也岌岌可危，因为这种不可靠性——受潜意识的影响——将构成这一"科学"的结构性缺陷。

文中引用了某些确切的表达，试图模糊这一不同之处：弗洛伊德的行文以分析者自居，就像诗人海涅笔下的哲学家一样，寄希望于用"触手可及的结论（durch naheliegende Schlussfolgerungen ergänzen)"来填补宇宙体系的"间隙",从而完成潜意识向意识"材料"的完美转译(es in bewusstes Material übersetzen)。但是即使这样的结论触手可及,问题依旧存在:谁的手?这只手表现出来的潜意识"间隙"的痕迹就比感知器官自身要少吗?

无论如何,弗洛伊德所描述的问题都比他似乎给出的解决方案更让人产生联想,更有力度。由于缺乏更具体的资格认定,他对于"触手可及的结论"的暗示只能让人想到最便捷直接却最不可靠的精神机构:(自恋的)自我(ego)。实际上,在最早期的"婴儿期性欲理论"的形成中起主要作用的正是这个自我,在该理论中,性欲望第一次以"求知本能(Wisstrieb)"的面目出现。

举个例子:对一个小男孩来说,所有成人都应该有一个阴茎,没有什么比这个事实更理所当然了(näherliegend)。因此,对他来说,根据这个期望对观察到的现象做出重新解释也是再合理不过了。

> 小男孩毫无疑问会察觉男人和女人的区别,但是起初他没有理由将这与生殖器官的差异联系起来。很自然地他会假设所有活物,包括人和动物,都拥有一个和他一样的生殖器官……身体的这一部分……不断带给他的探索冲动(Forschertrieb)以及新的问题。他希望在别人身上看见同样的东西,以便和自己的进行比较……我们知道这些孩子第一次察觉没有阴茎(Penismangel)的情况时会产生何种反应。他们否认没有,相信自己依然看到了阴茎;他们所看到和所期望之间的反差被另一想法暂时敷衍了过去,那就是阴茎仍

然很小，还会长大；渐渐地他们又满怀担忧地得出结论，认为至少它曾经在那里，后来被割掉了。阴茎的缺失被解释成阉割的结果，于是小孩就面对如何应对与自己相关的阉割问题（sich mit der Beziehung der Kastration zu seiner eigenen Person auseinanderzusetzen）。（S. E. 19, 142-143）

阅读这段关于"阉割情结"的描述，人们几乎不可避免地震惊于这个在弗洛伊德看来无疑是显而易见、触手可及的结论：在概念认知上女性生殖器无非是一种阴茎缺失，也就是说，是一种缺失或不足。这一论调含蓄地把阴茎确立为一切生殖能力的衡量标准。弗洛伊德声称，对于男孩来说，做出这种假设是"很自然的"，而对弗洛伊德来说，相应地调整他的术语也同样自然。实际上，其他一些有关女性身体和生殖器官的幻想表达中只有梅兰妮·克莱因（Melanie Klein）的论述对弗洛伊德以阴茎为中心的概念模型做出了反抗。①这样，在这里，我们就有了"（那些触手可及的）结论"的一个实例。那些"结论"就是那个小孩认为的，当然也

---

① 如果弗洛伊德的阴茎与"阉割"理论的形成建立在看得见/看不见这个对比之上——对于这个心理学首要概念，弗洛伊德自己关于自我及其感知的关系的讨论也应该会促使他质疑梅兰妮·克莱因提出的幻想（fantasy），此幻想涉及身体内部，不再让感知享有特权，"看不见的身体内部成了无意识和超我的代表"，她在《儿童心理学》(Die Psychologie des Kindes)（维也纳，1932年，第215页脚注）中这样写道。身体内部的不可见状态有别于阉割理论中的不可见时刻，因为，事实上，身体内部的不可见状态并不是一个非同寻常的对象——阴茎——的特征，因而只是一种消极的可见模式，确切说它就是婴儿幻觉（phantasy）本身的场景。

是弗洛伊德认定的观点。就其本身而言，弗洛伊德采取了男性自我的"立场"。那些"结论"尽管触手可及，不过它们既不单纯无辜也不是毫无疑问，因为它们显而易见的相近和自我证明的特性。

但是尽管弗洛伊德对阉割情结的发展演变的解释并没有让人更加确信这个"显而易见的结论（naheliegenden Schlussfolgerungen）"，就是精神分析本身提出的认识论问题的答案，它确实可以让我们能够深入探查某个场合，研究观察和解释之间的相互作用，而这个场合显然是弗洛伊德的主体概念的核心。

小孩否认他的观察结果，这就证明了"期望"或"先入之见（Vorurteile）"的力量和首要性，这种"期望"或"先入之见"主导了儿童早期的心理发展。虽然弗洛伊德指出这种先入之见是"自然天生的"，他对它的描述为后来世人皆知的自恋概念的出现做好了准备。儿童的本能冲动就是寻找某种特殊的视觉体验："他希望在别人身上看到同样的东西……"在感知上认出，看到早已熟悉的事物——"同样的东西"——这就是儿童想要满足的，这个欲望之强大足以让所感知的"数据信息"屈服于它的需要。正如弗洛伊德在《梦的解析》中描述的那样，欲望的发展，不是和对客体的感知有关，而是和对它们的幻觉有关。②"阉割情结"所隐含的决定性修改是，欲望的展开不仅意味着幻想的产生，而且意

---

② "实现愿望的最短路径是从需求产生的兴奋直接通向感知的完全贯注。没有什么能阻止我们做出这样的假设，即存在着一种初始状态，而这条通路真实地贯穿于其中，也就是说，在这种状态下，愿望以幻觉而告终。"（《标准版》第五卷，第566页）

味着将这些幻想组织成了一个故事。这个阉割故事试图通过加上时间概念来缓和"感知"和"偏见"之间的矛盾:"很久很久以前,那里是有一个阴茎的……"

因此"婴儿期性欲理论"就是儿童给自己讲的故事,以应对"自恋的"打击,对于这种打击,弗洛伊德一贯地称之为"阉割"。这个故事认可这种先入之见,它的的确确从本质上构成了自恋,并由此构成了自我的发展变化的组成部分,这个先入之见就是坚信孩子生活在一个由"同一性"构成的世界里,在这个世界里,差异性和他异性只能被认为是一种原始的、普遍的同一性被剥夺(阉割)后的、消极/否定的表现形式:是缺乏或丢失某个曾经拥有过的东西。[3]但是,阉割故事企图建立的这个初始同一性,尽管就其本身而言也是辩证发展的,仍日渐屈服于它企图否认的那些差异性。弗洛伊德用"Auseinandersetzung(应对,冲突,辩论)"

---

[3] 任何研究弗洛伊德的方法,如果倾向于假设"阉割"情结是真实存在的——就像拉康的研究(见菲利普·拉库伊·拉巴瑟[Philippe Lacoue-Labarthe]和让-吕克·南希[Jean-Luc Nancy],《信的标题》[Le titre de la lettre][巴黎,1973年],他们令人信服地论证了这一点)——也会因此而不可避免地接受自恋理论。虽然弗洛伊德经常着迷于自己的故事,但没有人比他更能证明这种着迷的自恋特征,以及它的必然性。任何理论上的推测都无法摆脱这种自恋,这是弗洛伊德的著作经常考虑的一个事实(尽管并非总是,或者最有趣的是,做出明确的陈述或反思)。相比之下,拉康把自恋等同于"想象(Imaginary)"的类/准本体意义上的秩序,通过这样的论述,把自恋描述为主体进入完全成熟形态,也就是那个"象征界",这个过程中需要超越的一步,至少在理想的情况下是这样。无意识欲望就这样出现在拉康的理论中,它超越了自恋,从本质上不同于"想象的自我"。后者的"回归",毫无疑问,更加难以理顺其中的关系,弗洛伊德学院的历史证明了这一点。

这个词来形容这个臣服过程，它也是主体的构建过程："现在，小孩面临如何应对［sich auseinandersetzen］发生在自己身上的阉割问题"。

德语词（sich）auseinandersetzen被赋予了如此多的内涵，对弗洛伊德的思想具有如此重要的作用，看来只能将它保留在这里，别无选择。在这里，它既表示发表演说，讨论某个议题，解决某个疑问，或对付某个人（such auseinandersetzen mit...），还可以表示弗洛伊德针对阿德勒和荣格的辩论。进一步从字面上看，也就是说，对这个词的构成（也就是auseinandergesetzt，分开、隔离、放置的意思）进行分析，这个词表明一个解构或分析过程，这个过程我们至少已经遭遇过两次了：第一次，按弗洛伊德所述，作为破译梦的信息所必需的一种阅读方式（将梦的文本貌似有意义的原有顺序进行拆解，以便将它们以一种不同的方式重新组合）；第二次，在原初场景中，作为小孩内心中完全相反的努力方向，他真想把自己一分为二，以同时实现"居于主动的"男人和"消极被动的"女人的身份。[4]在这些不同的含义中，

---

[4] 儿童在原初场景中的"位置（Setzung）"或"定位（Stellung）"实际上有三重结构：除了对积极主动的男性和消极被动的女性这两重相对立的身份认同之外，该儿童将自己与两者区分开来，恰到好处地作为尽管在旁观但还是参与其中的场景的观众。因此，原初场景就是这样一个结构原型，其中的主体将自己分开，把自己放在与试图去面对（或感知）的场景相对的位置，同时又把自己安排或分散布置在刚才提到的三个位置中：充满主动性的欲望主体、消极被动的客体和主动/被动的旁观者。在这一分离过程中，身份认同——自我的组织和立场——作为一场为了改变他异性而进行的无休止的斗争的充满矛盾和冲突的结果出现。

一个高度复杂的构造开始逐渐显现，在这个构造中，身份的确立（Setzung）——不管是主体或客体的身份认同，还是意义本身的同一性——似乎愈渐变成了某个复制或者彼此互利式分离（aus-ein-ander）进程的结果。这个过程似乎需要做出某种形式的表达，这个表达不可避免是故事性的：这个故事以最初场景"开始"，在对差异的否定——由此构造出了"阉割情结"——中向前发展，以对阉割与不断发展的主体之间的关系的解释而告终。看起来这种解释的特色，恰恰就是它企图从对客体的幻觉（阴茎缺失或拥有）转移到有关阉割和主体的关系的问题上的倾向，主体本身不可避免地被卷入其中并分离出来。主体的设定，其目的在于解决自我与超我之间的关系。这种关系构成了这个从原初场景发展到阉割情结的"故事"或历史的一个转折点。阉割情结构造了一个故事，在这个故事中，异构性被设定为某种失去。尽管可以认为，阉割情结体现了自我为了维持一个完整的同一性假象而做出的自恋的努力，但是超我的建立改变了这种空间结构，而在此之前，自我在这个空间内——或者更确切地说，利用这个空间——来限定它自己和异己性之间的关系。弗洛伊德的第二个拓扑结构（本我、自我和超我，即id, ego与super-ego）的空间不再是无倾向性的，空无一物的，或是连续的；在这个空间中，自我再也不能将身份不同一性看作某种形式的客体或感知，也不能把这个异己者敷衍地看作以前曾有，随着时间的推移而造成的某种缺失。因为这个空间并不是原有空间的延伸，在这个空间中，各自独立并且自我同一的实体都占据着固定而明确的位置。相反，这个空间具有明显的重叠特征：自我（ego）只有从本我（id）中脱离出来，作为后者"有组织条理的部分"呈现，自我才逐渐形成，但它仍是本我的一部分；类似地，自我的认同不再仅仅是它本身的"组织"的一个功能，而是变成了它和超我之间（充满矛盾的）联系，而超我则反过来继承了自我的自恋特质，同时也是本我的发展结果。就这样，自我将它自身分离出来，让自身显得与众不同，不但反对那些它不可能成为的主体，并且将它的Self（自我，私我）分散开来，分布在它与其他"代理施行者"之间充满争议的关系之中，对于这些其他"代理施行者"，自我（ego）既不能完全同化也不可能彻底排除。⑤

---

⑤ 正如我们将要看到的，这个三元拓扑结构所暗示的空间，与自我在焦虑中，同时又通过焦虑实现排出（Auseindersetzung）的行动中"投射"形成的空间非常不同。如果后者可以被认定为符合传统的、欧几里得（Euclidean）概念的空间，是同质的、连续的延伸，是（亚里士多德所述的）身体容器，每一个都位于其应有的合适位置——弗洛伊德的拓扑空间更切确地说是一个构成的和冲突的重叠。它是这样一种空间，在这个空间里，将他人分离出来的过程与自我（self）分离的过程融合在一起，正如弗洛伊德的以下评论所表明的："我认为，我们把自我（ego）与本我（id）分开是正当合理的……另一方面，自我（ego）与本我是同一的，只是本我特意区分出来的一部分。如果我们根据其自身与整体的对比区别来看待这一部分，或者如果两者之间发生了真正的分裂，那么自我的弱点就变得明显了。但是，如果自我仍然与本我紧密联系/结合在一起，无法区分，那么自我就显示出了它的力量。自我和超我之间的关系也是如此。在许多情况下，两者是合并的/融合在一起的……如果我们把自我和本我想象成两个对立的阵营，那我们就大错特错了……"（《抑制、症状和焦虑》，第23页）简而言之，自我与本我或超我"不分彼此"时最强，与本我或超我区分彼此时最弱。弗洛伊德随后为关于自我与"症状"之间斗争的讨论、自我想要整合后者的"异类身体"的努力，以及由此导致的自我的分裂（在试图合并"症状"失败之后的过程也可以称为"排出"）提供了一个非常生动形象的图形模型。

那么，尽管自我（ego）将它的自我（Self）分离出来，借此来表达自己，这个解释空间并不能通过观察总结来证实；就是说，这个解释本身永远无法被观察到，它与通常被认为是一个主体面对并了解某个客体会做出的观察动作也不兼容。弗洛伊德也清楚地意识到，观察是一个蕴含冲突性欲望的机能，而不仅仅是针对某个客体做出的反应或举动。但是尽管弗洛伊德"知道"这一点，但他经常"遗忘"它，原因简单而令人信服，因为此种认识必然会影响到精神分析认知本身。如果精神分析并非立足于可观察的数据，那么，弗洛伊德试图让精神分析有别于阿德勒和荣格提出的那些充满自恋意味的理论的努力，就变得无比复杂和困难。

弗洛伊德最具臆测性的文章，《超越快乐原则》（*Beyond the Pleasure Principle*），就是这种"遗忘"的一个显著例子。在该文中，弗洛伊德不得不为他自己的猜测性假设，即强迫性重复和死亡本能理论进行辩护，将它们与那些纯粹的猜测，也就是说，纯粹是自恋性的猜测划清界限。这个辩护采用了把他的新假设和更早做出的那些假设进行对比的方式：

> 本能理论的第三步，也就是我在此阐述的内容，无法和前两步——性欲概念的延伸以及自恋假设——一样地确定，我并没有忽视这个事实。那两个新概念都属于把观察结果直接转译成了理论，不容易产生错误，除非是一些在类似情况下不可避免的错误。千真万确，我所说的关于本能的这种倒退特征的断言也是建立在观察之上的，也就是，以强迫性重

复这一事实为基础。然而，我可能过高估计了它们的意义。⑥

尽管弗洛伊德在这里采取的"第三步"比前两步的确更具有猜测性，实际上这三者没有一个可以称之为是"由观察直接转译而成的理论"；而且，即使是前两者的"转译"，也包含了一些绝不可能从观察材料简单地转译而来的架构和概念。无论是把歇斯底里描述成是冲突性的欲望向具体有形的生理症状的转换，还是把梦解析为某种歪曲掩饰，都牵涉到对意识的"空白断层"的解释，通过旨在解释它们的概念构建（如"第一"和"第二"过程），意识中的不连续之处被搭接了起来。然而，尽管他的论述的来龙去脉是预料性的——它旨在应对并回答预期会有的反对意见——弗洛伊德还是顺手就采取了这种通过观察转化为概念的方便策略，如果不是这样（那就是猜测了），他对精神活动的整个研究工作就会受到根基破坏。不过精神分析有别于其他我们更为熟悉的科学形态的地方，恰恰就在于它分析研究的"现象"的不可观察性：

在判断我们对于生的本能和死亡本能的推断思考时，尽管遇到了如此众多令人迷惑和模糊不清的过程（befremdende und unanschauliche Vorgänge），诸如一个本能被另一个本能驱逐，又或者一个本能从自我转向客体等，但我们大可不必感觉受到这些事实的巨大干扰。这只是因为我们不得不摆

---

⑥ 《超越快乐原则》，纽约诺顿出版公司，1975年，第53页。

弄这些科学术语，也就是说，使用这些心理学（或者更确切地说，是深层心理学，即精神分析学）特有的形象化语言（Bildersprache）。否则，我们根本无法描述所讨论的过程，**我们甚至无法设想它们的形态。**（《超越快乐原则》，p.54）

考虑到精神分析关注的这些过程的不可描述性（Unanschaulichkeit），感知并不能为观察材料"直接转译"成理论的做法提供依据，更不用说"观察所得"了。而且，弗洛伊德始终认为，这些过程本身就体现在某种翻译转化之中，可能表现为能量转换（Übertragung），或者是表达内容的置换。按照弗洛伊德的说法，精神分析真正要做的，根本不是把观察所得的材料翻译成理论语言，而是以另一种形式记录下这个翻译转化过程，通过形象化语言重复并替换这个过程，使它变得可感知、可观察和可认识。

将精神分析话语看作某个转换——传递——过程，这种描述不可避免地必然会影响到由此产生的认知洞察力的本质：

我们所讨论的一切内容的不确定性——我们称之为元心理学特质——无疑是因为事实上我们对于发生在心理系统内部各要素之中的刺激过程的本质一无所知，在构建有关这个学科的任何假设时也感觉理由不很充分。我们在发展研究这门科学时一直带着一个大大的未知数——一个大写的 X——我们被迫带着它进入每一个新的方程式中。（《超越快乐原则》，pp.24-25）

这样看来，精神分析理论的核心，并非如弗洛伊德想让我们相信的那样，（分析师）享有特权，可以更加接近观察数据的内在本质，而是一个用"大写的X"表示的，认知与那个未知的、文字描绘下的、毁损变形的（entstellt）领域的奇特关系，在这里，这个"大写的X"完全以元心理学解释的十字交叉密钥的形象出现于我们面前。因为精神分析理论以一种充满矛盾的运动方式与众不同地将自己呈现在我们面前，在分散出现在众多互相重叠而汇聚趋同的分类范畴中的同时，又将自身本质上的构成性混乱视为异端一般的分歧，一种"倒退或背叛（Abfallsbewegung）"，并予以反对和谴责。就像我们看到的那样，这恰恰就是弗洛伊德所描述的，自我处于压抑、症候形成、焦虑以及其他自卫策略下的行为表现。我们对此也不会感到奇怪，因为，正如我们在前文中刚刚看过的，与其说描述内容由被描述对象来决定，不如说取决于描述该对象的形象化语言。

这不是指责精神分析理论话语是一种同义反复吗？是自恋而猜测性的，就像弗洛伊德对阿德勒和荣格的评判那样？如果精神分析元心理学的这种解释能被确认是个闭合的，自我同一的圆圈，我们就很容易做出回答。但是，正如我们将要努力证明的那样，被弗洛伊德的"大写的X"所掩蔽的运动根本不是圆形闭合的，因此也就不可能证实，永远不可能。它所遵循的发展轨迹，也就是它所描述的，是一种歪曲（Ent-stellung），一个可以跟踪和复述的错乱，但就其本身而言永不可能对其做出正确解释。因为，任何想要确定这种错乱——也就是说，将它认出来——的努力都会不可避免地陷入那个充满矛盾的行动中，在其中"经济的""局部的""动态的"视角汇聚一起，相互重叠，截然而立于弗洛伊德元心理学彼此交叉的、非圆形闭合的、隐晦的形象化语言之中。

为了说明这一形象化语言的这种非圆形闭合、非同义反复的特征，我们必须从中脱离出来，就一小会儿——从它直接的表现、理论方案及表述方式中脱离出来，转向弗洛伊德所指的那些由观察材料"直接转译"为理论的"描述"，来看一下其中的一个。这种迂回手段是不可避免的，至少有两个原因。首先，弗洛伊德小心翼翼地避免对他采用的语言做出一个系统而广泛的思考，他这么做一定有其充分的理由。因为从其本质上来看，这样一种思考需要一个前提，即元心理学的隐喻性语言必须让位于某种元语言，一种能够识别其基本规则和过程的元语言。然而，这样的假设意味着必须能够从固定的、不可变动的"自我的立场"——也就是说，从作为它的某个组成要素或所有物的有利地位——来确定元心理学的形象化语言。因此，将元心理学话语作为一个理论命题或具体研究对象的做法本身完全有可能受到自我（ego）的自命不凡与虚伪造作的影响。弗洛伊德没有做出这种姿态，以此表明他拒绝将元心理学话语归顺于自反性的元语言的指导之下，就算有可能被人视为认识论上比较幼稚。其次，也是更重要的，弗洛伊德践行了他并不（愿）宣讲的想法。他用他那形象化语言来描述一种看起来几乎就像它的镜像一样的现象。我指的是，他把梦的语言描述成是一种图形文字（Bilderschrift）——一种图像化的戏剧脚本,一种象形符号表意文本。当然,从任何传统意义上看,这个剧本完全不是一个理论性论述,因为它非但不是想要揭开、发现什么,而是对知识感到恐惧,尽力掩饰,而且,就像我们看到那样,它还对它的掩饰过程进行掩饰。在描述这个图形文字时,弗洛伊德不可避免地要附带提及这种脚本需要采用的解读方式:

> 只要我们熟悉它们,梦的思想立刻变得很好理解了。另一方面,梦的内容,就其本身而言是以图形化的脚本的形式呈现的,它的文字符号[Zeichen]必须以独特的方式换位、移调为梦的思想的语言。如果我们只是根据它们图形上的内容,而不是根据它们在符号学方面的联系[Zeichenbeziehung]来解读,我们显然会被引入歧途⋯⋯梦是一个拼图游戏。(S. E. 4, 277)

弗洛伊德关于梦的语言的概念似乎像是语言结构主义者所说的"先于文字出现的涂画":决定它们的"意义"的,不是梦的图形语言在具体表面上、表达主题上、"图画中的"内容,而是它们和其他符号之间的关系。这些"其他"符号,首先就是那些出现在梦"里面"的符号。但是这个限制——以及更普遍意义上的,梦里梦外的区别——在弗洛伊德的讨论过程中将被逐渐地削弱。然而,在我们继续探讨弗洛伊德概念中这个显著而重要的特征之前,让我们先留意一下,这里描述的"关系逻辑"和先前讨论二度润饰时遇到过的是一致的。为了正确解读梦的意义，必须忽略内容的表面顺序，或者更确切地说，必须带着强烈情感地关注，但不是关注它显而易见的立场。梦的语言的各个表意符号所表达的含义本身也是基本表意元素，从属于某个逻辑——或者说，是某个"图表"——在这个图表中，各个不同能指的空间、句法关系经常是明确设定的。弗洛伊德说，

> 梦让这种逻辑联系同时呈现……无论什么时候，梦向我们展示两个一起出现的要素，我们都可以确定，在梦的思想中存在着某种与它们相对应的特定的密切联系［innigen］。这类似一个书写机制："ab"的意思是这两个字母要读成一个单音节。（S. E. 4, 314）

关于梦的这种解析方式显著特征就在于，这种特定的"密切的"或"内在的"——innigen（亲密的，密切的）——语义关联被改写成了"外部的"能指或字素之间的关系。通常被认为对象（意识对象）所固有的意义，被从字面上和图形中隔离了出去，结果在梦的剧本中，句法结构编排本身成了意义的承载者。这适用于在单一梦内的不同能指之间的关系，同样也适用于不同的梦之间的相互关系。但是，也许最重要之处在于，它还适用于梦"本身"和梦的讲述之间。因为，假如梦本身就是先于它存在的某些"想法"和愿望经过重新改写编排之后的结果，这个改写过程在继续发展，在重复以及掩饰过程中达到极致而结束。通过这一重复

和掩饰过程，梦被做梦者说了出来：这就是梦的叙述过程。

弗洛伊德强调指出梦的表达的共时性（同步性）特征——又一个给人深刻印象的、与结构主义语言学家尤其是索绪尔（Saussure）的符号学平行对应的概念。然而，这一强调却又包含了那个日内瓦语言学家努力想要从他的语言学概念中剔除的历时性因素。对弗洛伊德来说，梦的表达在两层意义上具有历时性的特征：第一，梦将先于梦存在的愿望——冲突形态转化成貌似没有变化而同步的图形文字（Bilderschrift），从而再现了这些形态；第二，就其本身而言，只是在该做梦者回忆和讲述梦境的叙述性话语中，这种脚本才变成追溯性的。

弗洛伊德用"Entstellung（歪曲）"这个术语来描述这个转化过程，就像先前所说的，这个词既表示扭曲（distortion）又表示错位（dislocation）。这两个意思通常会让人想到它们的对立面——也就是未经扭曲变形的原始形态，以及某个正确的位置——但弗洛伊德对该词的运用明确地排除了这样一种含意。在他对此做出清楚表述的文字中，又一次体现了这一特征，即可以预感到他的概念注定会引发一场辩论，这当然绝不是偶然。在《梦的解析》第七章的开始，弗洛伊德提到，有人可能对该书前六章对梦所做的分析表示反对。这些反对观点之一就是，弗洛伊德在前面的所有讨论毫无道理，只是作者本人的主观推测，因为它并非基于和梦本身的直接接触，而是根据事后的回忆记录，既不可靠也无法证实。对此，弗洛伊德做出的回应似乎就是——加大筹码，放手一搏：

在试着再现梦的内容时，我们确实对梦做了扭曲（entstellen）；在这里，我们又一次发现，我们之前称之为梦的二度（而且经常是误导性的）润饰的过程，在正常思维机制操纵下的运作。但是这种扭曲本身不过是掩饰行为的一部分，由于梦的审查机制，梦的思想通常会做出这样的动作。（S. E. 5, 514）

通过对反对意见的认可，弗洛伊德企图剥夺反对者的批评权力。是的，他承认说，梦的叙述是个再现过程，它不可避免地会扭曲梦本身。但是梦"本身"已经是扭曲的，这正是后面所经历的再次扭曲合情合理的原因。它们都是一个总的扭曲过程的组成部分，在这个过程中，叙述梦的内容的主体和处于梦中的做梦者一样，都深入地牵涉其中。

在梦的叙述呈现出来的掩饰性的历时性中，梦表面上的共时性逐渐解体。在这个过程中，做梦者作为旁观者的立足位置被最终表明是梦的场景，或者确切地说是梦的整个剧情的基本组成要素，正如在"阉割情结"中，那个小孩逐渐地被迫放弃他作为（原初场景的）旁观者的角色，而成为故事讲述者那样。于是，就像那个小孩一样，做梦者参与到了所讲述的故事中，但是他的参与还包括该讲述行为本身。因此，梦的叙述本身就变成了一个剧场舞台，梦就被置于其中，被颠倒错位。从这个意义上看，这个复述梦的内容的叙事卷入并取代了梦的共时性——就其本身来说，它和所有共时性一样，必须借助于某个先验的观点。

弗洛伊德用扭曲（Entstellung）取代直述（Darstellung）这个概念来描绘梦的特征；他强调，"梦作为一种特殊的思考形式"，构成它这种独特性的，既不是梦的表面信息也不是它隐藏的内涵，而是"梦的加工"——也就是扭曲，此时他并非只用一个正确的对梦的判断取代一个错误判断。因为，如果梦由扭曲构成且梦本身就是一种扭曲的话，这就等同于宣称，这种判断自身无法摆脱它试图做出明确定义的扭曲变形，这一进程确定了它的局限性。而且，很清楚，一个试图确立这一立场的"理论"不会仅仅引起外部的争议（Auseinandersetzung）：该理论本身内部就自带争议性，因为它放弃了传统的理论合法性的基础，无法指向一个确定的、自证同一的、普遍适用的对象。

由于没有对这个客体的概念提出质疑，也无法清楚阐述其他可以证明其"合法性"的形式，弗洛伊德的思想着实陷入了一种左右为难的境地：它的形象化语言（Bildersprache）只有通过重现并继续扭曲它试图进行描述的扭曲才能奏效，就像梦的图形文字（Bilderschrift）的作用方式一样。它那与众不同的主张和断言只能通过它们追溯记录的扭曲和错位，而不是通过它们描绘（darstellen）的内容才能够有效发挥作用。或者更准确地说，它描绘的画面形象在叙述上和认知上的可用性取决于在它们表面内容上铭刻下真实意图的动作，编排的风格和顺序，以及它们相互之间建立的关系，而不是它们看起来所指的对象。这反过来需要我们随时做好解读准备，不是从明确（立场或主张）的角度，而是从解释辩论（Auseinandersetzung）的角度来解读。这个解释辩论是一个充满矛盾的解构和重构行动，在这一行动中，被认为的正确解读与众不同地从中脱离出来：也就是，把自己与所反对的他者划清界限；同时还通过指定另一个，即第三种称谓，表明自己有别于他者，并用这第三种称谓毫不客气地取代和排挤掉另外两者。⑦我们将要讲述的，就是关于这个解释的故事。

---

⑦　弗洛伊德的解析理论和实践与所有传统的解释学（hermeneutics，又称诠释学，是一个解释和了解文本的哲学技术。它也被描述为诠释理论并根据文本本身来了解文本）不同之处在于，它为各方冲突力量指定的位置，正如下面摘自《梦的解析》的评论所显示的："不要忘记，在对梦进行解析时，我们受到了那些造成梦的扭曲的精神力量的阻挠。因此，这是一个有关多方力量的关系的问题，在我们的智力兴趣、自律能力、心理学知识和解析经验的帮助下，我们应该能够掌控这些内在的抗拒。"（《标准版》第五卷，第524—525页）

元心理学与众不同

弗洛伊德的元心理学推断在结构上可能与他针对阿德勒和荣格的辩论手法有一定的联系，乍一看，这个命题本身似乎是个牵强的猜测。弗洛伊德想把他的观察和描述综合集成，形成一个更大的理论框架——这也是他提出元心理学的动机和目的——这种努力可以追溯到弗洛伊德最早的精神分析著作。1895年的《科学心理学规划》（Project for a Scientific Psychology）和《梦的解析》的第七章都是详细描述元心理学的文章，尽管只是初步的介绍。此外，在1915年，即和荣格决裂一年半以后，弗洛伊德首次提出一项计划，要在总标题"元心理学导论（Zur Vorbereitung einer Metapsychologie）"下编写一套连贯完整的理论文章。

弗洛伊德本人当然会否认这种联系。实际上，弗洛伊德在思想和写作上都有全面考虑，别人很难影响他的总体设想。

没有人为了成名而写作，名声转瞬即逝，也不是出于对长生不老的幻想。毫无疑问，我们写作首先是为了满足自己内心的某种需要，而不是为了别人。当然，当别人认可自己的努力时，会提高内心的满足感，但是尽管如此，我们写作首先是为了自己，跟随内心的冲动。①

然而，弗洛伊德在整个理论中努力阐述潜意识的重要性，却掩盖了为了"内心冲动"或满足感写作，与为"他人"写作之间的明显区别。如果潜意识有任何意义的话，那就是自我（self）和他人、内在和外在之间的关系，不能被理解为是完全对立的两极之间的间隔，而只能被理解为是一种主体不可还原的错位，在这种错位中，他者占据了自我（self）的位置，作为其存在的可能性条件。

这种错位或许在弗洛伊德最终确立的心理"拓扑结构"，尤其是在自我和超我的关系中，表现得最为明显。超我给主体的身份做了如下备受质疑的（aporetic）定义：它既代表了自我奋斗的理想，也代表了自我被禁止的、永远无法达到的极限。因此，超我代表了不可或缺的、也不可消除（irreducible）的他异性元素，同时汇聚了心理内在的和元心理学的展示瞬间。因此"内在满足感"取决于是否被这个兼具独立主体历史以及它所属的社会和文化历史的典范认可。如果包括作品受众在内的"我们内心的某种需要"与超我有密切联系——根据弗洛伊德的这最后一个概念，也必定会有密切联系——这无异于承认，在为"我们自己"写作时，我们不可避免地为一个永远无法认同自我（self）的他者写作，因为自我（self）根据它相对于他者的关系来确定自己的身份。

---

① 转引自琼斯《弗洛伊德的生活与工作》第二卷，第397页。

对于这个他者，主体既不能完全吸收融合，也不能彻底排除在外。如果主体只能通过这样一种与他者的矛盾关系来表达自己，那么精神分析项目本身也同样如此。要定义自己，它必须同时将自己与己所不是的东西区分开来。这种区分不可避免地会受它试图排除的东西所困扰，这在弗洛伊德的元心理学中尤为突出，他写道，元心理学旨在"厘清并深化精神分析体系所基于的理论假设"（S. E. 15, 219）。该论断写于1916年，离弗洛伊德明确谴责阿德勒和荣格并将其彻底逐出精神分析运动不到两年，而理由恰恰是他们的思想过于系统化、充满猜测性和自恋。但是如果元心理学打算为"精神分析体系"提供一个理论基础，那么它的猜测性和自恋性就会减少吗？弗洛伊德批评阿德勒和荣格的思想存在着过于系统性、充满猜测和自恋等问题，如果精神分析本身也不能避免一定程度上的系统性，那它也不能对这些问题置之不理。因此，它必须证明，它对潜意识"材料"的"翻译解释"没有犯下它指责其竞争对手所犯下的那些篡改和删减等错误。弗洛伊德试图为这一区别奠定理论基础，在元心理学系列文章的开创篇，《本能及其变迁》（*Drives and their Vicissitudes*）中，弗洛伊德试图为这一区别奠定理论基础，他指出了其中的一些困难：

> 科学活动的真正开端在于描述现象，然后对现象进行分组、分类并使它们形成相互联系。即使在描述阶段，也不可避免地会将某些抽象的想法应用于手头的材料中，这些想法来自多个不同来源，当然并非完全是对新体验的研究成果。

更不可或缺的是这些想法，随着对材料做深入仔细的研究，这些想法后来将成为科学的基本概念。

　　这些想法首先必须具有一定程度的不确定性；它们的内容不可能有任何明确的界限。只要它们一直保持这种状态，我们就会通过反复参考所观察的材料，逐渐理解它们的意义。我们似乎从所观察的材料中得出抽象的概念，但实际上是这种观察受到抽象概念的影响。（S. E. 14, 117）

这段文章，也是研究元心理学的方法论的概述，它典型体现了弗洛伊德的思考方式和写作方式。这段内容的非凡之处，不仅在于它声明的主张，更在于这些主张在文章中的表达方式：在相互关系中解读，个别陈述会削弱并取代他们提出的主张。因此，尽管弗洛伊德一开始称"描述"是"科学活动的真正开端"，但是他接着又辩解说，"描述"从来就不是一个简单的开始，因为它总是不可避免地预设"某些抽象的想法"，它们本身并非仅仅来自个人经验——就是说，来自个人经历——而是来自"各种来源"。

这样看来，弗洛伊德的文章非但没有确立"科学活动的真正开端"，反而证明了根本就不存在这种"真正的开端"。留给我们的，不是对于我们所熟悉的问题的一个令人安心的答案，而是一个疑问：那些从"各种来源"而不单单从个人经验中获得的"抽象的想法"是如何运作的呢？问题的答案并不能从直接明了的讨论中发现，而是存在于弗洛伊德的元心理学"实践"本身当中，就是说，体现在他的写作风格中，这种风格不可避免地要背离他个人申明中的命题内容。在这样动态发展的背离中,弗洛伊德既清楚阐述了他的概念,又摆脱了它们的约束,最适于用来阐述这种动态背离的术语就是"Auseinandersetzung(分析)"。我将用三个最重要的元心理学概念来追溯它的作用过程:初级和次级过程、压抑,还有焦虑。

初级和次级过程

弗洛伊德使用初级和次级过程来阐述精神活动的做法,和他的精神分析思想本身同时出现。在1895年的《科学心理学规划》中,弗洛伊德对初级和次级过程进行了区分,前者是"愿望贯注对象指向幻觉,幻觉反过来又意味着不愉快感和防御机制的充分发展";而后者则涉及"通过对现实符号的正确评估……对前者进行适度克制",而这"只能通过抑制才能实现"(《精神分析的起源》[Origins of Psychoanalysis, pp.388–389])。

然而,直到《梦的解析》第七章,弗洛伊德才开始试图对这两种心理过程进行综合全面的解释。这个精心构想的论述深深地嵌刻在他一系列的思想活动中,最终让他得出"没有意识的协助,也可以完成极其复杂的思维活动"这一结论。引入初级和次级过程理论的初衷,就是试图对这种可能性做出解释。这一理论尝试的出发点就是弗洛伊德对于梦的运作的分析:

> 可以看出,这些过程的主要特征是,其整个重心在于使

> 精神贯注的能量流动起来并能够释放；贯注所依托的精神活动各要素的内容和本义则被视为无足轻重。（S. E. 5, 597）

弗洛伊德先前曾提出告诫，不宜从图像的画面（或表征的）内容，而应该从这些图像之间的相互关系来对梦的图像进行解析。在他所称的"初级过程"中，我们可以找到这一告诫的客观证据以及解释。在这一解释模式中，"精神活动各要素的内容和本义"，不如它们使能量贯注"流动起来并能够释放"的能力重要。精神能量若即若离地"附着"在内容表象上，一旦紧张程度上升到一个临界点时，随时准备让自己分离。

能量贯注的流动性是初级过程的一个显著的特征，为了理解它隐含的意义及后果，回顾弗洛伊德从他所谓的"生命之迫切需要（die Not des Lebens）"概念推导出这个初级过程的方式会很有帮助。一开始，这种迫切需要让人觉得就像小孩的"主要身体需要"，考虑到婴儿的弱小无助，这种需要只有通过"外来帮助"才能满足。当"来自内部的刺激"以及它引起的让婴儿感到不愉快的紧张感被外部干预（这种外部干预多来自母亲或保姆）减轻时，这种需要以及它们产生的紧张感的舒缓就构成了第一次"满足体验"。

不管弗洛伊德一开始如何强调这种满足体验在数量、能量以及"经济性"方面的特性，他并未因此而疏于强调同样重要的质的方面的意义。因为正是通过这个质的要素，这个过程不再只停留在机体的或生理的层面，而是变成了一个心理的过程。弗洛伊德将这个质的方面与感知和记忆的运作联系了起来。

> 这种满足体验（Befriedigungserlebnis）的一个重要组成部分，是一种特殊的感知（我们举个例子，譬如说滋养），对它的感觉在记忆中的形象从那时起就一直和这种需求引起的兴奋的记忆痕迹联系在一起。（S. E. 5, 565）

在下一次该兴奋发生时，通过某种条件反射，就自动生成了相同的记忆形象：

> 这样一种冲动（即寻求再现先前的感觉的冲动）就是，我们所称的愿望：这种感觉的再现就是愿望的实现，而实现愿望的最短路径就是从该需求引起的兴奋直接引导到该感觉的完全贯注。没有什么能阻止我们假设存在着这一精神结构的一种原始状态，在其中就贯穿着这样一条路径，也就是说，愿望以幻觉而结束。因此，这个第一心理活动的目标是制造一个"感知同一性（eine Wahrnehmungsidentität）"——一种和需求的满足相联系的知觉的重复。（S. E. 5, 566）

为什么对梦的形象化描述不是用简单、直接的图像来操作，弗洛伊德提供了一个可以发展变化的解释。他所称的"感知同一性"，由所感知的材料构成，但这些材料并未依据它们表面呈示（represent）的内容来运作。因为它具体呈现的，或者说是概念性的内容——胡乱想象编造出来的内容（Vorstellungsinhalt）——只是作为一种符号，用来指代一些完全不同的、就其本身而言难以明确表达的本能，因为它由某个充满紧张矛盾性的变化构成，这是一种能量分配在数量、程度差异上的变动，这种变动产生了质的效果：从痛苦到快乐的转变。在这个感知同一性概念中，最主要的一点就是，所涉及的同一性是一种重复的结果，而在这种重复过程中，质的内容只是被用来为它凭空想象的、无法公开呈现的满足体验提供形式上的支持。

只要该表象贯注——即对记忆表象的贯注——在快乐法则的直接控制下发生，也就是说，只要这些贯注在精神层面的稳定性和可进入性仍然取决于它们与快乐体验（对弗洛伊德来说，意思是避免紧张，而不是寻求快乐）的接近程度，那么构成精神运作的主要特征的，就是这种初级过程。然而，在"生命之迫切需要"的压力下，精神被迫发展出另一种运作模式，即次级过程：

> 生活中的痛苦经历必定会改变这种初级的思维活动，继而形成一种更为便捷有利的次要活动。沿着该精神器官内部的退行捷径建立的感觉同一性，在心灵的其他地方与从外部对这同一感知的贯注产生的结果并不一致。满足并没有在贯注之后出现，需求依然顽强地存在……为了使精神能量的消耗更为有效，有必要在这个退行行动完全实现之前阻止其继续发展，这样它就不会越过记忆表象，并能够找到其他一些通往想要的从外部世界方向建立感觉同一性的途径。这种对退行的抑制及随后的让兴奋绕行就成了那个次级系统的任务。
> （S. E. 5, 566）

换句话说，一旦明确了初级过程的冲动不仅是无效果的，而且是适得其反的，加剧而不是消除紧张感，精神就被迫发展出一种可以影响那些造成紧张感的外部因素的行动模式，以便按照期望的方式来改变它们。然而，这就需要以非幻觉的心理活动为前提；必须理解、深刻认清现实，尤其是那些它已经成为痛苦和不适（Unlust）根源的地方。精神必须发展出构造现实之表象（知觉，记忆表象，概念）的能力，即使这些表象和不愉快的经历有关。因此初级过程中易变的精神贯注必然要逐渐服从于次级过程更为稳定的贯注。或者，就像弗洛伊德所称的，往幻觉的方向发展的"退行"倾向必须予以"抑制"。

当然，问题在于要为这种抑制是如何发生的提供一个充分的解释。在他的精神分析思想的相对早期阶段，在《梦的解析》一书中，弗洛伊德试图从一个自我认同的主体在来自外部的"生命之迫切需要"的刺激下，产生一种准自动反射的角度来解释这个过程。但这个二元理论模型让他难以解释这样一个主体从"初级"向"次级"过程过渡的方式。假如这一点对于该理论能否为世人所接受很重要，那这种难以解释性就不可理解了。如果认为儿童要生存，就必须出现这样一个发展变化，这并没有解释它是如何发生的。

然而，尽管这位《梦的解析》的作者还不能以明确的精神分析术语对这种回归抑制行为本身做出解释，他还是设法提出了这一解释中的决定性要素，即"绑定"过程，通过这个过程，精神能量被"附着于"表象上面。这种高质量的附着就是区分初级过程中不稳善变的精神贯注和次级过程中更为稳定的精神贯注之间的关键所在。但是为了评价这两种不同的"绑定"类型的性质，我们必须对弗洛伊德所描述的"初级"和"次级"过程之间的区别稍做片刻的思考。这种区别预示了后来在自恋、受虐狂，以及压抑等概念中形成的初级和次级相对关系。弗洛伊德将这种"初级/次级"关系描述为既是结构性的，同时也是按时间先后顺序发生的；然而，同时他又承认，这是一种"理论虚构"：

> 当我将发生在心理器官中的一种心理过程描述为"初级"过程时，我所考虑的不仅仅是其相对重要性以及它能否有效反映这个过程；我还打算挑选一个名字，能够表明该过程在时间上先行发生这一特征。诚然，就我们目前所知，没有一种心理器官只具有初级过程，这种器官在某种程度上只是一种理论虚构。但初级过程从生命最初就存在于精神器官中，而只有在生命的发展成长过程中，次级过程才会逐渐显露出来，并对初级过程进行抑制；甚至有可能直到壮年时期，次级过程才拥有绝对的统治地位，这也是个事实。由于次级过程的姗姗来迟，我们的精神活动的核心，包括潜意识中一厢情愿的冲动，仍无法被前意识理解和抑制。（S. E. 5, 603）

如果弗洛伊德把初级过程看作一个理论虚构，那只是因为它的不可观察性，而"从生命最开始"就存在这个精神过程，这是个"事实"，不受弗洛伊德该表述的影响。然而，弗洛伊德本人的描述表明，该初级过程概念可能彻头彻尾就是一个"虚构的"论述。

因为初级过程还有另一个方面的表现让它的优先地位高度可疑：无论形成什么样的贯注，哪怕是初级过程中高度动态不稳定的贯注，对它们来说，能量必须和表象绑在一起才可以确保那些表象不会低于最小限度的可再现性，例如，作为"感觉同一性"再现于精神之中。然而在将初级过程描述成对幻觉式再现的一种反射作用时，弗洛伊德却无法提供这类再现如何有效发生的解释。贯注的稳定性所必需的"抑制"，被认为完全为次级过程所独有。如果真是这样，那么要么初级过程不是一个贯注过程，或者，如果它是个贯注过程——实际上为了能够与纯粹的反射区别开来，它必须是——那么它必须从一开始就包含次级过程的抑制，以便"完全"它本身。因此，初级过程的"虚构性"不仅是因为它试图指出的现象在经验上不可证实，也和它自身作为理论概念的结构有关。因为初级过程的状态，包括能量绑定到表象上（贯注），将是弗洛伊德试图将其与初级过程相对立的次级过程的抑制力量。②

因此，这个"理论虚构"的结果，绝非只是简单的否定：如

---

② 弗洛伊德对次级过程出现的描述表明，至少间接表明，初级过程已经带有某种能量绑定的倾向，因此后者并不完全是由于次级过程被抑制而产生的；事实上，这种抑制是自行出现的，是对初级过程绑定倾向做出的反应："第二个活动——或者如我们所称的，第二个系统的活动——变得很有必要，它会阻拦记忆贯注继续推进到感知为止，并从那里绑定精神力量；相反，它把因需求而产生的兴奋转移到一条迂回的弯道上。"（《标准版》第五卷，第598—599页）因此，在弗洛伊德的思想中，绑定/非绑定，抑制/非抑制，这些简单的对立将不得不屈服于他想要阐述不同类型的绑定和抑制的尝试，并最终服从于第二种拓扑结构的发展，而这第二种拓扑结构，并非只是一种设计用来解释矛盾的拓扑，它本身就是一种矛盾的拓扑。

果初级过程只是作为次级过程产生的一个效应，除此以外别无他解，那么最重要的东西——无论从理论上还是实践上来看都是不可简化的——就是这个作为贯注所必需的前提条件的抑制概念。

这个"抑制的首要性（primacy of inhibition）"更多的是指初级过程的抑制（inhibition of the Primary）。然而，就其本身而言，它不仅仅只是体现了弗洛伊德思想的一个矛盾之处。相反，它还表明在概念化过程中做出某种形式变换的必要性，从一个用来指称自我认同的对象的措辞，变成了表示不可缩略的冲突的术语。

压抑

弗洛伊德把精神器官区分为初级和次级过程的行动最终导致了这个问题的出现——力比多能量是如何绑定于表象上的？这个关于绑定的问题，包括压抑能量按照"快乐法则"自我分配的倾向压抑，是弗洛伊德压抑理论的核心："让我们牢牢记住这一点，因为这是整个压抑理论的关键：对于某个想法而言，它必须能够抑制住任何源出于它的不愉快感的发展，压抑次级过程才会将能量贯注于它身上。"（S. E. 5, 601）就这样，压抑（repression）处于初级和次级过程的临界点，这两个过程根据它们所承认的抑制（inhibition）程度彼此分离和区分开来。起初，弗洛伊德试图把压抑描述成是初级过程的一种即时效应和构成要素："通过心理过程毫不费力而规律性地回避任何曾经令人痛苦的事物的记忆，为我们提供了精神压抑的原型和第一个范例。"(S. E. 5, 600)在这里，弗洛伊德在描述这个"精神压抑的原型和第一个范例"时，称其以一种"毫不费力而规律性"的方式运作，准自动地回避令人痛苦的记忆图像或记忆痕迹，与初级过程的一般特征表现一致。但是如果我们仔细观察弗洛伊德使用的这个措辞，我们就会发现这个"原型（prototype）（德语原文是Vorbild，字面意义是预设、样板）"——即原始的、最初的形式，据称可由此发展衍生出更多可察觉的、次生的现象——和后来的衍生现象之间的区别就在于原型缺乏某些特征，而它们恰恰是后者的本质性特征。在压抑的情况下，原型缺乏的是冲突这一要素。这个压抑的"第一个范例"被描述成一种"回避（flight）"的动作，"Abwendung（字面意思是转身离开）"。把压抑看作一种逃避，这一想法让弗洛伊德在确立压抑的概念时有了一个主要参考点。然而，如果这样的比较很有用，归根结底也是由于比较产生的不一致之处。从总体上看，压抑与逃避之间的区别在于压抑永远无法摆脱它一直逃离的东西，因为就像弗洛伊德一再声称的那样，这东西是精神内生的。精神不可能完全逃离从某种意义上说是它所"包含"的东西。

简而言之，如果压抑是对精神内生冲突的反应和表达，那么它肯定不会只牵涉"回避"这一种行为，而是一种互动，可以看作相关的施动者之间彼此互予改变的相互作用。这个相互作用过程，虽然在弗洛伊德初次尝试对这个概念做出解释时并未予以仔细讨论，但在他使用的措辞中仍有含蓄表示。他用了"Abwendung"一词来表示这个过程，该词的最佳译意不是"回避"，而是"憎恶"。因为该德语词既表示为了避免不愉快的感觉或记忆而转移话题，也表示避开不受欢迎的目标（"eine Gefahr abwenden"，即为了避开危险）。在我引述的段落中，其句法规则清楚表明Abwendung仅仅用来描述意识的逃避行为，然而在接下来的讨论中，弗洛伊德将承认，压抑过程必须被视为一种双向运动，不仅影响到该施加压抑者，也影响被压抑的对象（作为精神最初贯注对象的表象）。

但是以这种方式来解释压抑，即将它视为简单地将能量从一个表象到另一个表象的再分配，并不能解决初级和次级过程的概念所带来的问题。因为就算它们以这种"压抑"能否有效约束初级过程中反复多变的能量作为区分彼此的前提条件，所构想的这种压抑的运作方式仍是个未解之谜。然而，在推介并详细阐述压抑这个概念的过程中，尽管他努力想要描述的心理过程有着这样难以化解的冲突性本质，弗洛伊德还是迈出了决定性的一步，使这种冲突性概念化。在概念化[③]表述冲突这一设想时弗洛伊德使用了两个术语，那就是反贯注（Gegenbesetzung）和超贯注（Überbesetzung）。

这些术语——这些将"大写的X"转译成看起来更为熟悉的元心理学的形象化语言（Bildersprache）的动作——与压抑过程有着非常不同的关系。由于反贯注的含义要明确得多，我将首先

---

③ 正如我们将要看到的，弗洛伊德冲突概念化的行动将导致他那些概念本身越来越"冲突化"。

讨论它。如果一个表象能够被转移到一边，排除在意识之外，这只能通过用另一个表象来取而代之才有可能实现。对于这个取代了那个被压抑的原表象的新表象，弗洛伊德称之为"反贯注"。后者起到了一种平衡的作用，吸收了一些迄今为止一直依附在被排除在意识之外的原表象上的能量。这样，反贯注既指定了用于替代的表象，又标示了实现这一替代的贯注过程。这个过程并非一蹴而就、一劳永逸；它必须不断地更新，需要不断地消耗精力，让一系列事件反复出现。这些反复出现的事件绝不是相同事物的简单重复，因为它们经常涉及转变（shifts），这种转变既涉及相互冲突的贯注之间的关系，也涉及所采用的个别表象。

尽管在弗洛伊德的著作中，反贯注相对于压抑的关系如此清晰而明确，但超贯注的关系却并非如此。弗洛伊德使用这个术语主要是为了描述一种经济性过程，通过这种经济过程，某种特定的表象成功地吸引了精神的注意，从而让自己进入意识。因为超贯注以这样的方式和意识发生联系，它似乎对压抑没有什么意义，因为压抑指的是表象被禁止进入意识的过程。

然而，压抑过程中对立冲突的动态变化不仅需要将一些概念从意识中排除，随之而来的，而且也是必需的，还要用其他概念——即反贯注——取而代之，而反贯注则成为意识中的内容。因此，一种持久进行的压抑，不仅包括反贯注的形成，也包括超贯注的确立。实际上，可以证明，反贯注和超贯注所指为同一过程，前者从一个动态变化的（冲突的）角度来看待，而后者从经济实用的角度来看待。

由此元心理学要面对的问题，就是要清楚阐述压抑的这两个视角或方面之间的精确关系。简而言之，反贯注和超贯注之间的关系所引起的问题，不是别的，而是一个与压抑机制有关的问题，就像下面这段摘自《梦的解析》的文字所清楚表述的那样：

> 因此，思维倾向一定会朝着获取更大的自由、摆脱不快乐原则的排他性规定的方向发展，并通过知识积累，努力把不良情绪影响的发展保持在最低限，而这种发展可以被当作一种信号来加以使用。这种更复杂的目标需要意识制造出一个新的超贯注来实现。（S. E. 5, 602）

由于压抑需要一个表象被另一个能够被意识感知的表象所替代，压抑的实现就依赖于一个超贯注过程。在上面这段文字中，弗洛伊德将这个超贯注过程和他所称的"信号"的形成联系了起来。因此，对于压抑而言，超贯注指的是这样一个过程，也就是被压抑的表象被另一个表象替代后一个表象作为一个不愉快的、被压抑的想法的信号进入意识之中。

在弗洛伊德的著作中，压抑从根本上指出了这个冲突性过程，通过这个过程，精神清楚地做出表达并让自己有别于其他主体。因此，从这层意义上看，他的信号概念的重要性怎么评价都不为过。因为它标志了意识在不愉快原则的影响下发展它自己的组织结构的方式。

弗洛伊德煞费心思地对压抑机制做了解释，但他并没有在解释中提到信号概念，如下面这段同样来自《梦的解析》的内容描述的那样：

> 由于存在于记忆中的内容，无意识的愿望产生了情绪释放动作，但这些记忆是前意识永远无法获得的；因此，这种释放也不可能被禁止（inhibited）。正是由于这样的情绪发展，即使作为前意识思想也无法认出这些记忆表象，尽管这些表象已经将表达它们愿望的力量传递给了前意识思想。相反地，不愉快法则接管并促使前意识回避（sich abwendet）这些被传递过来的想法。它们"被压抑"，自生自灭，就是这些从一开始就无法为前意识感知的婴儿期记忆的存在，变成了压抑这一机制形成的先决条件。（S. E. 5, 604）

弗洛伊德并没有把"禁止（inhibition）"描述成积极主动的力量，会干涉并拦截或限制"情感的释放（Affektentbindung）"，相反，他提出了"压抑"的概念，用来表示前意识更为消极被动的行为，避开不愉快想法，让它们"自生自灭，"在某种意义上它们构成了"压抑这一机制形成的先决条件"，即"婴儿期记忆"的最初核心部分。

显然，这个解释再次表明，为了解释压抑，弗洛伊德设置了一个原始状态，但在这个状态中压抑已经存在并发挥作用：一个从"最初"就被压抑机制从意识中排除的，记忆的"储存"构造。回到某个起源——一种原始状态——从中获得更适合观察的现象,就这样,这种理论循环不断出现在弗洛伊德试图从遗传的角度对精神的冲突性表现所做的反复解释中,挥之不去。这就是为什么十五年后,他在题为《压抑》(Repression)的文章中,将看待这个问题的角度做了重大而富有成效的转变:

> 精神分析的经历……迫使我们得出这样一个结论,就是压抑并不是一个从一开始就存在的防御机制,直到意识和无意识行为之间建立清晰的区分之后它才会出现。(S. E. 14, 147)

在如此重新阐述这个问题时,弗洛伊德开始放弃遗传模型,转而从结构学的角度予以解释。"除非我们了解更多关于……意识和无意识之间的差别……我们所能做的只能是以纯粹描述性的方式来拼凑组装'从临床观察中收集到的材料'",弗洛伊德如此总结道。然而,他的下一步行动,却并不是"组装"那些临床观察资料,而是提供一个高度猜测性的假设,看起来似乎要重新回到先前已经讨论过的遗传解释模式中去:

> 因此我们有理由假设存在着一个原始的压抑(Urverdrängung),一种压抑的初始阶段,其主要任务就是拒绝(versagt)精神表象(Vorstellungs-Repräsentanz)进入意识之中。这个行动同时伴有某个固定作用;从那一刻起,有关的表象以及依附于其上的愿望冲动就保持不变。(S. E. 14, 140)

不管其文字表面如何论述，这个原始压抑的理论假设并不仅仅重复了之前的初级和次级过程的区别，而是通过将它们与弗洛伊德所称的"固定"联系起来，让二者结合并存。该起始点不再被描述成一种能量不受束缚的纯粹的状态，而是一种兼有绑定（Bindung）和释放（Entbindung）的特殊状态组合。这样，弗洛伊德的思想从最初的以其中一方具有优先权作为理论基础的二元方案，转换为一个三元理论模型，在该模型中，任何一方脱离它跟其他各方的联系都是不可想象的。这样，绑定和释放就出现了，不是作为彼此截然对立的两极，而是作为某个结合、关联过程（Verbindung）的不同表现方面出现："我们倾向于……忘记这一点，那就是压抑不会阻碍内驱力（本能）的代表在无意识中持续存在，也不会阻碍它在其中进一步深化组织或发展分支、建立联系 [Verbindungen anzuknüpfen]。"（S. E. 14, 149）现在看来，构成无意识贯注的特征的，既不是它们的灵活性，也不是它们的稳定性，而是两者结合的特殊存在方式。

> 如果压抑机制不再将这个（被压抑的驱动力［本能］代表）放置在意识的控制之下，它就会以一种更加不受约束和恣意的方式发展。它在暗处迅速滋长蔓延，可以说，找到了极端的表现形式，当它们被"翻译"并呈现给神经症患者时，对他来说不仅很陌生，而且很……可怕。（S. E. 14, 141）

这样，弗洛伊德对压抑的形象描述意味着表象有一个核心，即驱动力（本能）的代表（Triebrepräsentanz），它绝不是稳定的、自我认同的，或是静态的，相反，它是可迁移的，编造出一个可怕的关系组织，只有其边缘才能进入意识，被意识感知。

但是如果"固定"，以及由此推及的压抑，不再能够从能量绑定和释放这个简单的两极对立的角度来想象，我们仍然没有考虑建立这种稳定性所涉及的各种因素。我们只知道，它需要组合链接（Verbindungen）的疯狂蔓延，同时又将这种链接从意识中排除。然而，如果我们再次阅读弗洛伊德对这种排除的配方式描述，就会发现，其中还是隐约暗示了某个可能的解释，虽然几乎无法辨认。在前面引用的段落中，弗洛伊德写道，压抑"拒绝精神表象进入意识之中"。但是这个英文翻译失去了原德语文本的一个内涵。翻译为英语词denies（拒绝）的原德语词是versagt（"Die Übernahme ins Bewusste [wird] versagt."意为"禁止意识接受"）。"Versagen"在字面上表示（法庭）禁令、阻断，包含的语言学是指与另一个语言形象表达有密切关联，那就是Übersetzung，意为翻译、转化，这个词曾用来表示从无意识向意识的"通道"或过渡，而且，确切地说，该"通道"似乎被压抑所阻断。在弗洛伊德写给威廉·弗里斯（Wilhelm Fliess）的一封信中，可看见他最早对压抑的描述，称它是"对翻译的阻断（die Versagung der Übersetzung）"（《精神分析的起源》，p.175）。我们一直在讨论的所有问题——包括精神贯注（Besetzung）的本质，它和超贯注及反贯注之间的关系，绑定、释放以及二者结合等运作——一起出现在他的文章《论无意识》（*The Unconscious*）

中。在该文中，弗洛伊德"发现"了那个在某种意义上他一直都"知道"的东西：他一直在苦苦寻找的，意识和无意识之间的"明确而清晰的区别"，不外乎就是某种特殊形式的翻译/转化和阻断（Versagung）。

> 我们突然意识到，现在我们知道了意识表象和无意识表象之间的区别……意识表象包括物表象（Sachvorstellung）加上对应的词表象（plus der zugehörigen Wortvorstellung），无意识表象则只有物表象……无意识系统包括针对对象的物贯注，最初的、真实可靠的对象贯注；前意识系统则源自通过把物表象与相对应的词表象关联起来而形成的对物表象的超贯注。我们可以假设，就是这种超贯注产生了一个更高级的心理组织机构，使得由控制前意识的次级过程取代初级过程成为可能。现在我们还可以确切地阐明在移情性精神官能症中压抑对被拒绝的表象做了什么样的拒绝，那就是，拒绝将该表象转译成可以仍然依附于对象的词语表达。于是，这个无法用言语表达的表象，或者说未被贯注的对象，仍压抑停留在无意识中，处于被压抑状态。（S. E. 14, 201-202）

弗洛伊德以一种异乎寻常的热情（稍后我们会讨论这一点）宣称的意识和无意识思维之间的区别，其实就在于用言语表达的可能性；也就是按照某种特定的方式翻译的可能性。在有意识思维的情况中，对"相对应的词表象"的超贯注允许"对象之表象"

被适当相称地翻译过来；而在无意识思维的情况下，留给我们的只有单独的"物表象"。这个解释简单明了，然而，很有迷惑性，它经不起片刻的思考。因为它成立的前提假设，正是弗洛伊德关于初级过程的总体概念所排除的东西，即"初始"贯注也是所贯注的那些对象的"真实的"表象。

没有什么比我们讨论过的"感知身份"概念更脱离弗洛伊德提出的精神发展观念了。我们可以回顾一下，实际上这个"感知身份"，恰是目标对象"最不真实的"表象，"感知身份"和感知对象之间是以转喻的方式、似乎通过所伴随的某种满足体验而联系在一起的，这种满足体验和贯注对象之间并无天生的内在联系。正是这种本质上的非同一性构成了初级过程中的贯注的主要特征，它与次级过程中稳定得多的贯注截然不同。把那些"初始"对象贯注描述成"真实可信的"，就是再一次预先假设身份，而不是解释它是如何产生的。然而，弗洛伊德的整个"发现"都是基于这样一个前提。他用以区分意识和无意识思想的"翻译"概念，需要在对其进行语言表述之前，就已经存在一个稳定的、自我认同的"对象之表象"。弗洛伊德力图想表明的，是压抑拒绝将一种身份（对象贯注）转化为另一种身份（词语贯注）；简而言之，压抑只是一个剥夺过程，其本身对精神的表达没有任何贡献，仅仅是剥夺了后者的自我意识。

从这个角度看，我们就能解释弗洛伊德用如此热切的语调宣称这个发现本身就是压抑的征状——或者，正如尼采（Nietzsche）所说，是一种"主动遗忘"的征状——的原因了。因为，从表面上来看，弗洛伊德的断言只不过是重复了大约二十年前，他在1895年的《科学心理学规划》中的观察结论，当时他就曾猜测"话语联想"是产生"有意识的、有洞察力的思想"的原因，也是形成"记忆"的原因。④ 那么，与后来的论述一样，问题依旧在于解释如何在所描述的思维活动的背景下构想这一语言功能。在那篇早期（1895年）的文章中，弗洛伊德曾提及"词意象"的一个特性，似乎和这个问题有关，但他未做详细阐述：他认为，这种联想的独特优势，和词语具有"封闭（数量少）且排他"这一事实有关。如果弗洛伊德后来没有继续这一论述，那可能是因为他对梦的研究表明，词汇联想不一定必须是"封闭的"，即使词汇本身"数量很少"；相反，他发现，词汇本身也参与了梦的运作中的凝缩和移置过程，这恰恰是因为它们是开放的和多因素决定的。简而言之，词语不必充当建立稳定的"对应关系"的手段，相反，需要起到消除这种关系的作用。

因此，当弗洛伊德在前面我引用的段落中声称，压抑拒绝将物表象转化成"相应的"词表象时，与其说他提出了一个解决方案，不如说是含蓄地提出了一个问题，即对于精神而言这类言语对应关系是如何构成的。针对这个问题，必须重新思考压抑与转化的关系。虽然弗洛伊德如此断言，我们之前的讨论已经证明，压抑本身包含了某种形式的转化：一个令人反感的表象压抑只有在它被某个反贯注取代——也就是说，被转化为某个反贯注——

---

④ 《精神分析的起源》（纽约，1977年），第421页及其后。

的情况下才会被压抑，同时该反贯注作为被压抑的思想在意识中的替代物而被超贯注。从这个意义上说，压抑的转化，和弗洛伊德所说的起到阻碍作用的压抑理论中的转化，两者的区别变成了两种不同的转化方式之间的区别。意识的转化和无意识转化之间的区别，并不像快速阅读弗洛伊德的著作所暗示的那样在于有没有建立言语表达这一行为本身，而在于采用什么特殊的方式来建立言语表达。意识需要以一种持久的方式把物表象转化为对应的词语表达。

但是这个对应概念——弗洛伊德提出的所有关于意识和无意识的区别最终都依赖于它——再一次提出了更多的问题，比它所能解答的问题还多。首先，正如我们已经看到的，存在一个问题，即对象贯注本身是如何稳定下来的。其次，存在一个精神和社会秩序之间的关系的问题，因为持久而对应的语言联想必然包含着作为个体的主体与已经获得的语言体系，及其所处的社会和文化背景之间的关系。最后，鉴于词汇有过度设定的属性（overdetermined），受多种因素影响，在梦、诙谐以及其他无意识表述中非常明显，因而这种"对应"概念也提出了一个问题，即建立语言同一性的内在心理机制是如何运作的。如果意识的语言论述有着"封闭而排他"的倾向，那么这种封闭和排他又是如何形成的？

最后一个问题迫使我们做出与弗洛伊德在上述段落中明确的主张相反的回答，当然，我相信该回答本身符合他对压抑的总体解释，即压抑远远不是简单地阻碍意识话语向语言转化，而是语言表达不可或缺的前提条件。通过将某些表象排除在意识之外，同时用其他表象取代它们，压抑阻止了初级过程在快乐原则主导下的运作，否则那些过程将无法终止也不能确定，从而会纵容所有贯注的发生。简而言之，只有借助于压抑通过反贯注机制排除某些表象以后，对词表象的超贯注才能正常运作。或者说，只有通过被反贯注，语言才能获得封闭和排他的属性，使之成为意识特别享有的、与众不同的媒介。

这样，压抑完全就是作为精神秩序中身份的条件出现；但是如果事实的确如此，我们可以逐渐理解试图确认压抑本身的身份时所面临的困难。因为尽管它是确认身份的条件——不管是"物表象"还是"词表象"的确认条件——压抑不等同于它自身（itself），这有原因。因为它产生认同的条件，就必须有一定程度的封闭，只有通过排除来实现。也就是说，圈住一个范围，然后在核心处建立起一个和外界的联系。这就是为什么每一个贯注，尤其是意识的超贯注，不可避免地也是一个反贯注。

但是如果真是这样，这一原理同样适用于"压抑本身"："压抑"这个词标明了精神的冲突性运作，对这个单词的超贯注本身就是一个反贯注。我们前面已经提及它所反对的东西；作为词也好，作为物也罢，压抑的内在机制，反过来取决于一些预先确立并超越纯粹精神领域的禁令，即压抑有赖于社会约束和制裁体系。它先进行排除而后进行封闭的力量——也就是它拥有准许贯注发生进而让精神运作起来的力量——依赖于某个不由它构成，而是由元心理学的力量和传统构成的场所。该依赖性的本质可以从弗洛伊德使用的两个词上看出来,这两个词是"zugehörig"和"entsprechend",他用它们来表示某个在英语中我们只能译成"correspondence(对应)"一词的含义表达。第一个词来自词根"hören",表示"听"或"倾听";第二个词来自"sprechen",意思是"说"。如果意识表达的"词表象"能够和"物表象""形成对应",它就是借助于"倾听"和"发言"两个过程,关于这两个过程,我们在探讨弗洛伊德的诙谐理论时将会有更多更详细的论述。在这里,也许只要指出其中一点就已经足够说明问题——所谓的"倾听"和"发言"足以在一个话语的过程中重新记录意识和无意识问题,这个过程不能再被二元地解释成"词汇"和"事物"的对应关系,在表现特征上也不能看作纯粹的"精神"关系。

压抑,简单地说,不仅在于拒绝转化,还在于对转化的阻断。然而,这种阻断(Versagung)不仅仅是语言的缺失或否定,因为它本身就构成了一种转化模式。但是这种转化模式是模棱两可的、充满矛盾的:它实施了对于一些"封闭且有限的"词表象的贯注而言必需的排除,同时,又把那些贯注认定为反贯注,将它们当作与它们所排除之物有关的对象来看待。从这个意义上看,压抑的阻断动作无异于一位他者(Other)的"言语",或者,就像弗洛伊德所称的,一个信号。因为该信号的意义总是在别处,不同于它所代表的、指定的、再现的外来影响,并延缓了它们的出现。这就是为什么该信号的"对象"不可避免地是一种危险,对它的主体则是:**焦虑**。

焦虑

在弗洛伊德的思想中，焦虑处于一个很奇怪的位置。一方面，它和他的初级和次级过程，以及抑制的概念密切相关，可以说，接近他所关注的中心。实际上，在很多年里，弗洛伊德一直把焦虑看作抑制的直接产物，直到他后来修正了这一观点，宣称焦虑不是抑制的结果，而是抑制的起因。⑤另一方面，尽管弗洛伊德终其一生都对此抱有兴趣，但焦虑一直游离于他研究的现象的边缘。与我们讨论过的其他主要类别不同，"焦虑"并不是精神分析学引入的一个术语，它也没有指明一种现象，其意义被弗洛伊德的研究工作决定性地改变，甚至可以说它被弗洛伊德重新发现了——比如性欲或歇斯底里这样的概念。因此，在弗洛伊德的学生或追随者中，很少有人倾向于认为焦虑对精神分析具有重要的预兆作用，而弗洛伊德本人却从未怀疑它具有这样的作用。⑥在《导论》(*Introductory Lectures*)中他如是写道："焦虑问题是一个节点，在这个节点上，各种各样最为重要的问题汇聚在一起，它是一个谜，解开这个谜，无疑会给我们的整个精神生活带来巨大的启示。"(S. E. 16, 373)鉴于弗洛伊德对这一问题的重视，他最早尝试对心理进行系统的阐述时，焦虑就吸引了他的注意力，这就

---

⑤ "造成焦虑的不是压抑，因为焦虑先于压抑；焦虑产生压抑。"《引论新编》，第32页，《标准版》第二十二卷，第89页。

⑥ 关于最近一个显著的例外，参见让·拉普朗切的《问题讨论班第一：焦虑》(*Problematiques 1, Langoisse*)(巴黎，1980年)。

不足为奇了。焦虑所带来的这个"谜"也对精神分析学寻求成为一门科学提出了重大挑战：如果精神分析学能成功地对这个问题做出比以往更令人满意的解释，那么它所声称的自己拥有相当的科学可信度的主张将很难被驳回。弗洛伊德用精神分析术语来探索和解释焦虑的种种努力，无一例外地向我们展示了焦虑理论的成果及其局限性。

在他刚开始着手该主题的写作时（1893—1895年），⑦弗洛伊德打算引证性欲来解释焦虑，和对歇斯底里的论述基本走同样的路线。在这种解释中，当性欲张力累积到某一程度，精神无法控制时，焦虑就产生了；过度兴奋于是"转化"为焦虑的生理表现，诸如心悸、出汗、呼吸急促，等等。弗洛伊德认为，这些表现形式，应该被理解为"性兴奋"趋向的某个"特定行为的……替代品"，也就是发泄，而它已经被阻塞了。因此，焦虑与歇斯底里的区别就在于某种特定的阻碍在发挥作用；在焦虑的情况下，这种阻碍是一个纯粹的身体过程，不受任何进一步的心理分析的影响，与歇斯底里完全相反。因此，如果歇斯底里是由欲望的冲突引起的，那么焦虑就可以被认为是一种障碍的产物，这种障碍阻碍了一种纯粹的身体欲望的满足，即性能量的宣泄。由于无法得到宣泄，该能量变得"自由游荡"，并通过替代症状宣泄出去，这些替

---

⑦ 弗洛伊德最早发表的关于焦虑主题的论文是：《论将一种可称其为"焦虑症"的特殊综合征从神经衰弱症中分离出来的依据》和《对我关于焦虑神经症的论文的批评的答复》（*A Reply to Criticisms of my Paper on Anxiety Neurosis*）（都发表于1895年）。

代症状就是"焦虑性期盼（精神活动）"的生理伴随症状。弗洛伊德进一步在"焦虑性期盼"中辨别出"（焦虑性）神经官能症的核心症状"，其特征主要在于其中自由浮动的能量有"随时会附着在任何合适的表象上"的倾向。（S. E. 3, 93）

在这种描述下，焦虑既处于精神活动的边缘，同时也处于精神分析本身的边缘。作为弗洛伊德所理解的独立的生理过程中断的结果，焦虑就排除了任何进一步的心理分析的可能。也就是说，不接受任何进一步的精神分析。同时，它实际上代表了一种冲突的原型，而后精神分析宣称这是它特有的研究领域：被抑制的或是冲突的性欲。

焦虑的特殊地位，既处于边缘而同时又非常重要，在弗洛伊德识别它的主要或典型成因——性交中断（coitus interruptus）——时，显得尤为清楚。性交中断这个术语指的是弗洛伊德所认为的造成焦虑根源的性功能障碍。但是，从另一个更形象的意义上说，这个称谓不仅可以用来描述焦虑的成因，还可以用来描述焦虑的影响。因为，如果后者（焦虑的影响）包括"自由浮动"状态下的能量积聚，那么被中断的正是这种能量和精神表象"相聚"的过程，即性交。因此，焦虑的特征恰恰是"初级过程"的特征：缺乏稳定而持久的贯注，这是快乐宣泄之前提。

难怪弗洛伊德很快就把焦虑与"不快乐法则"的表现等同起来，因此也与压抑等同起来。在《梦的解析》中，他将焦虑描述成由于压抑失效而被压抑的表象重新将自己强加于意识而引起。因此，弗洛伊德认为压抑是焦虑的条件或成因，焦虑和被压抑的表象回归有关。然而，他随后对这个概念的态度的转变已经在他的"经济的"焦虑理论中有所暗示。因为如果压抑以贯注的存在为前提，焦虑就会对贯注过程本身提出质疑。借用一下弗洛伊德后来对压抑的描述：如果说压抑是禁止将"物表象"转化为相应的"词表象"，那么焦虑就意味着某个更彻底的禁止机制，即禁止能量（"性兴奋"）转化为表象。

因此，焦虑带来的具体问题是心理和非心理（肉体）之间的关系，或者换句话说，就是明确心理本身的界限的问题。但是，即使焦虑造成了这个问题，对它的检查和解决方法也会变得复杂化，因为焦虑本身既模拟心理和非心理、"内在"和"外在"之间的关系，又掩饰了这种关系：

> 当心里感到自己无法通过恰当的反应来处理某个来自外界的任务（危险）时，就会受到焦虑的影响。当他意识到他无法缓解内在产生的（性）兴奋时，他就会发展成为焦虑性神经官能症。因此，它做出某些行为举止，似乎是向外投射这种兴奋。（S. E. 3, 112，画波浪线部分为原文强调的重点）

这段文字摘自弗洛伊德1895年发表的第一篇关于这个主题的文章《论将一种可称其为"焦虑症"的特殊综合征从神经衰弱症中分离出来的依据》（*On the Grounds for Detaching a Particular Sydrome from Neurasthenia as "Anxiety-Neurosis"*）。要是说这段话同时浓缩了弗洛伊德后来处理这个问题的方法以及在试图解决这个问题时将会遇到的困难，也并不夸张。一方面，焦虑被描述为心理对外部危险的反应；另一方面，该反应导致危险的"兴奋"向外"投射"。这样的投射因而就产生了第二个外在性，在某种意义上取代了第一个外在性。正如我们将要看到的，区分这两者并不容易，无论是对于处于焦虑之中的心理，还是试图理解它的理论，都是这样。

因此，弗洛伊德所做的使焦虑易于解读的一切努力，都将取决于他以何种方式确定焦虑所要应对的外来危险，也就是说，心理外部对心理内部施加影响的过程。这个问题的含混不清之处早已在所引用的段落中清楚地写着：心理所面对的危险来自外部（"eine von aussen nahende… Gefahr"）；但是构成这个危险的直接形式的"兴奋"则从内部产生，是"内生性的"。调和这两个主张的困难在于解释清楚心理如何能够"注意"到这个危险，它既起源于外部而在运作上又是内生性的。

这一困难反过来又与弗洛伊德从一开始就认识到的焦虑的双重特征有关：一方面，在面对"真正的"危险时，它必然会产生某种心理反应，而这个反应经常是有利的、实用的；另一方面，它可以成为某种反应，这种反应再现了它努力想要对抗的危险。因此，一个合格的焦虑理论必须既可以把这个现象解释成一种正常的、必要的且有用的防御，又可以解释成一种神经系统上的、功能失调的威胁。

如果说弗洛伊德刚开始对这个问题的研究主要集中在后一个方面，那么他越来越多地把神经官能性或病理性焦虑看作真实或权宜之焦虑形式的一个分支。他最终试图全面充分地阐明这一立场的文章当然就是《抑制、症状和焦虑》(Inhibition, Symptom, and Anxiety)(后面引用时简称《抑制》),这是他宏大的元心理学系列文章的最后一篇,出版于1926年。

自阿德勒和荣格背叛以来,兰克(Rank)提出的出生创伤理论是对弗洛伊德思想提出的一项最严重的挑战,而《抑制》就是对兰克的理论做出的回应。这个理论给弗洛伊德带来了威胁,不仅仅是因为其作者很有名望,也因为兰克曾经是他最亲密的合作者之一,而且,它实质上借用了弗洛伊德本人关于焦虑的很多概念。对于出生创伤的概念,弗洛伊德不无恶意地说,"最初就是我提出来的"[⑧]。如果弗洛伊德试图将焦虑描述成心理对某个外来的、从根本上属于非心理的、真实的危险所做的反应,那兰克的出生创伤理论假设就借着他的研究顺势得出了合乎逻辑的结论。还有什么危险比出生面临的危险更"真实"、更原始呢?弗洛伊德写道,"我被迫从对焦虑反应的研究中抽身,回到对隐藏在它背后的危险情境的讨论上"(《抑制》,p.87)。弗洛伊德这样做了,他采取的方式构成了他试图重新阐述焦虑问题的本质。因此,值得注意的是,他对焦虑的研究本身就是由某个挑战(抑或应该说是"威胁"?)——由某个追随者发展形成的理论对精神分析提出的挑战——而引起。在重新审视"威胁"这个问题时,弗洛伊德也尽

[⑧] 《抑制、症状和焦虑》,第87页。本引文以及后面的引用(在文中用括号标识)指的是诺顿出版公司版的页码数,尽管该文本已被广泛地重译。

其所能地捍卫精神分析，使之免遭某种威胁，这种威胁尽管源自"内部"，如今已被视为是来自外部。简而言之，无论是对于精神的概念还是精神分析本身来说，关键是相对于其"外部"而言的某个特定的"内部"的完整性和一致性；而为了捍卫这种完整性，只能通过重新划分和加强那些区分内部和外部、精神分析和出生挫折、弗洛伊德和兰克之间的界线来实现。

然而，问题在于，这些分界线在危险这个概念中汇合并模糊了。因此弗洛伊德试图解开这个结从而消除这个问题。

> 但是什么是"危险"？在出生这一事件中，对生命来说确实存在着客观危险。我们知道这在现实中指的是什么。但是从心理学的角度看，这并不能告诉我们什么有用的信息。出生的危险还没有什么精神内涵。（《抑制》，p.6）

简单地说，"事实"，不足以确立危险在心理学方面的意义或可理解性。然而，弗洛伊德本人也不会停止强调危险的这种"真实"性，因为焦虑最终被归结为因危险而引起。实际上，若想要让他从危险的角度对焦虑的解释——即焦虑是面对某个危险时做出的反应——看起来有理，他就必须这么做。如果不这样认定危险，使它不受它所引起的焦虑反应的影响，它就无法作为弗洛伊德试图构建和捍卫的理论的解释基础。

因此，弗洛伊德批判的并不是兰克理论中描述的危险的"真实性"，而是其中关于这种真实性的具体概念。弗洛伊德认为，兰克试图将所有形式的焦虑都回溯归结为出生创伤，是基于如下假设：

> 婴儿在出生时已经接受了某种感官印象，尤其是视觉印象，这种印象的恢复会唤起他对出生创伤的回忆，从而引起焦虑反应。这种假设毫无根据……认为一个孩子会留下除了和出生过程相关的触觉和一般感觉以外的任何感觉的看法并不可信。(《抑制》，p.6)

弗洛伊德据此暗示，兰克的理论假设在很大程度上和阿德勒所犯的错误如出一辙（他将兰克比作阿德勒），即假定自我的真实性。在宣称出生创伤是焦虑的本源时，兰克必须归因于婴儿的心智能力，而事实上这种能力只能随着自我的发展而逐渐获得。弗洛伊德认为，即使出生是一个创伤，它也不会留下任何知觉和视觉的痕迹，而只留下"触觉和一般的感觉"。

因此，尽管弗洛伊德同意焦虑会导致先前所经历过的"创伤"的再现，但他认定创伤的方式与兰克的截然不同。对弗洛伊德来说，创伤并不能指明任何特定的、明确的客观现实，因为它包含的恰恰是精神的无能——或者更具体地说，是自我（ego）的无能——无法做决定，也无法将多余能量绑定或贯注于目标从而易于控制它。这就是弗洛伊德对创伤的定义不可避免地含混不清的原因：它源于一种"无助的状态"。因此，如果创伤构成了焦虑发展演变的起点，起决定性作用的是焦虑反应的第一次移置（first displacement），即从它初始的反应，无助的状态，转而变成对这种状态的预期——也就是说，对危险情形的预期。(《抑制》, p.93)

这第一次移置非常关键，因为它标志着主体—客体关系的出现。它标志着能量从自由向受约束状态的转换，为建立稳定的对象贯注提供了必不可少的条件。正如弗洛伊德在他的关于"否定（verneinung）"的文章中所说的那样，物体的真实性，不是一种"被发现"的特性，而是"被再发现"的结果，[9]是一个必然会带来一致性重复的贯注。这种重复的可能性取决于对主导初级过程的不快乐法则进行抑制或使之转向，否则初级过程往往会制造出时刻都在变化的贯注，以努力减少紧张感。因此，这里弗洛伊德所说的"第一次移置"，严格说来，根本不是第一次，应该说是对初级过程中的那些移置行为的又一次移置，它们已相继止步于"无助的状态"。于是，通过一个重复过程，精神取代了"无助状态"的位置，从而改变了初级过程的不断改变。它通过产生某个被弗洛伊德称之为"信号"的东西来实现了这个过程：

这个信号宣称，"我预见到一种无助情境即将发生"，或者"目前的情境让我想起以前曾经历过的一次创伤体验……"因此，焦虑一方面是对创伤的预期，另一方面，又是以一种

---

[9] 弗洛伊德，《论否认》（Negation），《标准版》第十四卷，第237页。

平和的方式对创伤的重复。(《抑制》,p.92)

通过这个危险信号的产生——本身也是一种创伤的再现——实际上,弗洛伊德一直在说的其实就是自我构建出自己的方式,它将自身从初级过程的未分化(indifferentiation)状态中分离出来,从而建立起了自我。如果说,初级过程是由永远不会相同的贯注的不断变化所构成——就是说,一种无法确定的他异性——那么焦虑就需要通过某个重复再现过程改变这种他异性,通过这个过程,从内部/外部、过去/将来这种二元对立的角度来组织空间和时间。在这样组织时空的过程中,焦虑把自我定位为这种对立两极之间的分界线。

于是,在一种双重的、含混不清而又充满矛盾的认识中,焦虑将自我区分开:它再现了那个创伤,但是形式有所变化,变成了某个可辨识的东西:"危险情境是一种可识别、可记忆、可预期的无助情境"(《抑制》,p.92)。但是,更确切地说,焦虑在推动自我的形成时也利用了另一个事实,那就是它所重复再现、识别和记忆的创伤"本身"既无法辨识也难以追忆。它无法辨识,是因为它由总是在变化的贯注构成,而对该贯注的"辨识"只能通过对其做出移置、错位、毁损(ent-stellt)才能实现。它也难以追忆,因为"真正的"无助状拒绝分成过去和将来两部分,而这种时间划分却是记忆(过去)和预期(将来)的前提条件。

这就是为什么这种独特的忧虑——它是焦虑的特征并使之有别于"恐惧"——带有某种"不确定性和无目的性"(《抑制》,

p.92）；因为它辨识和预期的——也就是由它代为表达的——危险，实际上就是一种从未出现过的创伤。创伤总是超出对它的认识或描述，因而危险只能作为某种其他东西的临近而存在，或可表现出来。

因此，焦虑就以这样一个充满冲突和矛盾的过程呈现在我们眼前，自我试图通过这个过程来表达那些难以表达的想法，改变易变属性，从而组织起稳定的自己。因为，正如弗洛伊德坚持认为的那样，

> 自我是一个组织……（它的）经过阉割的能量在努力寻求绑定与结合的过程中暴露出了来源，而且这种合二为一的冲动与自我的力量成正比。（《抑制》，p.24）

在发出危险来临的信号时，自我不仅对构成其组织潜在威胁的特定事态做出反应——虽然这就是弗洛伊德试图表达焦虑的方式——而且，自我会把创伤设定为一个它能面对的事件，借以巩固自己的身份。简而言之，它试图把无休止移置这个"经济实用的"紊乱向外、向前移置，将其变成一种"vor-stellung（到前面位置；演示）"——一种再表述（re-presentation），可以确信，而且毫不夸张地说，在时间和空间上都被置于前面——试图通过这样的手法，将这一概念据为己有。

通过这个前置过程，自我（ego）呈现或推出（这还是vor-stellt）的东西就是对它自身的篡改破坏：以污损（Entstellung）之

面目呈现的自身。它通过对感知的贯注来完成这一过程。弗洛伊德提醒我们说，自我（ego）能够从本我（id）中分离出来，那是"利用了自我和感知系统之间的紧密联系——如我们所知，这些联系构成了它的本质所在，并为它和本我之间的分化提供了基础"（《抑制》，p.18）。更确切地说，自我通过形成感知对象或对它们进行贯注来发展自己的组织结构。这些感知对象恰好不是初级过程的"感知本体"，我们已经讨论过，这些"感知本体"根本就不是身份本体，而是一些不断处于变换之中的变化状态。这些感知本体如何能够在事实上变成完全一样，这个问题——对"不快乐原则"是否可能做出"抑制"的问题——迄今为止仍未获得解答，不过也就是因为这样，弗洛伊德的论述（Auseinandersetzung），首先是关于初级过程和次级过程的论述，其次是关于压抑的论述，这些论述中的驱动力（本能）力量——一种可能的反应现在开始逐渐显现了出来。因为在逐渐发展出能够指出危险出现，并由此赋予创伤一种时间性，推迟其到来的能力时，心理可以被看作和不快乐原则达成妥协，不快乐原则容许这种差异的重复，即初级过程动态多变的贯注，作为同一性的另外表现形式，作为同一性的某种迁移，重复再现。作为危险信号的感知不仅用来指示它所指代的对象，还意味着感知本身不可弥补的丧失。创伤带来的破坏性力量于是就被赋予了时间性，被看作潜在的（未来的）丧失，而且就此被延缓到来，因为它仍然贯注于某个对象或情形之上，尽管这个对象或情形并不明确。而且，丧失的二元或辩证概念意味着，一方面，既然被认为是丧失。那就是曾一度拥有，而且通过避开那个即将发生的危险，就可以恢复到拥有的状态。因此，如果"起决定性作用的是第一次移置……从……无助状态变成对这种状态的预期"，这个预期（对自我而言）的表现形式就是一种感知的丧失：

> 因此，自我所带来的焦虑的第一个条件情形就是感知的丧失，它等同于客体的丧失。（《抑制》，p.96）

推出（Vorstellung）感知丧失这个概念之后，自我就能够在本我面前建立它自己的组织结构，并给自己编造出一个历史。[10] 这个历史讲述了自我如何失去又努力重新占有某个它力图认为原本属于它的财产的故事。当然，这就是个关于阉割情结的故事——自恋的自我为了组织并占有它（本我）所依赖的他异性而给自己描绘的一个故事。自我把生理构造上的性别差异视为阴茎的丧失；它"承认"女性生殖器官是"被阉割"的结果，通过这样来维护阴茎普遍存在的信念；也就是说，从它自己的认知水平出发，把这种差异当作同一性来认识和重复表达。因此它预示的"危险"就这样被解释为一种来自自身组织外部的威胁，因而至少在原则上是

---

[10] 这段文本引自《抑制、症状和焦虑》第244页第5行。它表明，将自我概念化的过程中面临的困难，在于必须将表征功能本身描述成某个冲突过程的结果，而这反过来又不能为表征范畴所理解。英语中"Es"的翻译是"Id"，"Ich"则译成"Ego"，这些翻译都倾向于将原德语中最重要的语言术语实体化。"阉割"叙事显示了自我为了表达它自己而采取的某个悖论般的尝试，即通过把它的不可忽略的他异性看作一种消极的占有，也就是说，看作"损失"或剥夺。

可以避免的。

弗洛伊德寻求把自我确立为焦虑发生的"场所"和"源头"，就不可避免地要再次讲述这个故事，作为自我同时也作为它应对的危险的真实性的证据。自我试图通过构建一个带有开头、中间和结尾的故事，赋予创伤以时间属性并延缓它的出现，以控制该创伤中冷漠的他异性。与此类似地，弗洛伊德也在寻求理解那个难以捉摸的、模糊而又矛盾的焦虑现象，他把焦虑进行区分，划分成两种截然不同的形式：神经性焦虑和"真实的"或"现实的"焦虑。这种划分反过来又取决于对危险进行区分。

> 真正的危险指的是一个已知的危险，而现实的焦虑就是对这类已知危险的焦虑。神经性焦虑则是对未知危险的焦虑。因而神经性危险是一种有待发现的危险。分析表明，它是一种来自本能的危险。(《抑制》，p.91)

"分析"表明"神经性焦虑"由源自本能的危险造成，也试图表明本能引起的危险最终是一种真实的危险。至少，这是弗洛伊德试图证实的观点，他声称，阉割情结，这个神经性焦虑的范例，归根结底源自某个真实的、外在的与性有关的危险。

> 如果我们内心并没有某些感觉和意图，我们就不会感受到阉割的威胁。因此，这种本能冲动是决定外来危险的主要因素，因而它们本身也变得十分危险。(《抑制》，p.71)

弗洛伊德坚持认为，危险，作为焦虑——即使是神经性焦虑，纯粹精神上的焦虑形态——之源，最终都具有现实性的本质，他努力想要证明这个理论；简而言之，他想用一个身体局部的理论来取代他原来经济节省的焦虑理论，把焦虑看作一种本质上功能性的、有目的而又有利的反应。然而，他的这些努力都无法解释焦虑现象的"历史"特征，弗洛伊德认为焦虑具有"历史"特征，作为某个先前经历的再现。因为焦虑所再现的，完全不同于自我体验过的所有特定的、明确的危险，它再现的是创伤形成的经济而节省的混乱，就其本身而言这种混乱永远不可能再现。应该说弗洛伊德含蓄地做了让步，因为他承认，

> 外在的（真实的）危险也必须设法内化，如果它要对自我产生影响。它肯定被认为与某种已经经历过的无助状况有关。（《抑制》，p.94）

但是体验这种"无助状态"的"经历"，就其本身而言，是不可认知的，因为它没有"自我（self）"。它是一个置换过程，在焦虑中同时又作为焦虑被置换，借此为自我的建立提供空间。这样看来尽管自我是焦虑"所在地"，焦虑同等地也是自我栖息的场所。而在这个场所中，自我从来不是固定不变的。对于那个想把焦虑从自我中分离出来从而"把握"焦虑的理论来说也是如此。

现在是停下来做些思考的时候了。我们明确寻找的是一

种洞察力，能够让我们理解焦虑的本质，一个非此即彼的标准，将焦虑的真相与错误区分开。但是这又很难做到，焦虑不是一个很容易掌握的问题。到目前为止我们未取得任何成果，只有众多相互矛盾的说法，无法对它们毫无偏见地做出选择。所以，我现在建议用一种不同的方式进行：我们会尽可能公正地收集那些与焦虑有关的材料，并放弃将它们糅合形成一个新的综合理论的期盼。(《抑制》，p.58）

但是"放弃"对"新的综合理论的期盼"——像所有放弃声明一样——说起来容易，做起来却很难。因为即使是"不偏不倚地收集任何关于焦虑的可说的材料"这一小型的审慎的计划，也有一个前提，即可以事先知道什么是不能说的；就是说，一个人除非拥有那种非此即彼的材料判断能力，才能够"将与焦虑有关的真实从错误中分离出来"。

这个艰难的放弃声明标志着弗洛伊德在这篇文章中的论述的矛盾：一方面，他试图摒弃他早期提出的"经济性的"焦虑概念，即把焦虑解释成力比多的自动转换，并取而代之以更"现实的"、当前更受人关注（topical）的解释，即把焦虑看作自我的一种应变作用。这种尝试充满了"非此即彼"或二选一的想法，正是弗洛伊德打算放弃的。然而，另一方面，他又不得不承认焦虑的矛盾本质，既是力比多能量的"自动转换"，又是自我面对危险所采取的有意而为之的、目标明确的、作为权宜之计的反应。由于他不能简单地忽略或否认焦虑的这两个方面，于是弗洛伊德着实想将它们分开，然后宣称他对前者不感兴趣："我们先前提出的关于力比多直接转换为焦虑的理论假设不再像以前那样吸引我们的关注。"（《抑制》，p.88）在这样的表述中，弗洛伊德复制了他在文章前面已描述过的一种思维模式，是自我为了避免危险而采取的防卫性策略。这就是"隔离"机制，在这个机制中，事件或思想并没有受到压抑，而是与"它的影响"以及"它的相关联系……"完全隔离，"它孤零零地站着，就像被孤立"。⑪虽然这个防御机制在强迫性神经症中表现得最为明显，但是弗洛伊德很快就指出了它和更"正常"的思维方式之间有着密切的关系：

> 专注，这一正常现象为这种神经质的做法提供了一个说辞：在我们看来重要的印象或作品，一定不能被任何心理过程或活动同时提出的要求所干扰。但是即使一个正常的人，也会通过专注来避开那些不相关或不重要的东西，而且，最重要的，是避开那些不合适的内容，因为它与专注对象是矛盾对立的。*那些曾经属于一个整体，但在发展过程中被分开的事物对他造成了极大的困扰*……因此，在事物的正常发展过程中，自我在发挥其引导思想潮流的功能时，需要做大量的隔离工作。（《抑制》，p.47）

---

⑪ 弗洛伊德对隔离和压抑的区分应该可以追溯到《梦的解析》第七章，他在该章中描述了两种类型的"审查制度"，一种是"只针对两种思想之间的联系"，另一种是"针对这些思想本身"。见《标准版》第五卷，第530—531页。

在将"自发性"焦虑从自我（有意形成的）焦虑中隔离出来的过程中，弗洛伊德重复了他所描述的自我为了构建自己而不得不做出的那些举动；将那些"曾经一体"但现在"因为相互矛盾已经不适合继续在一起"的部分隔离。然而，这里不适合在一起的不是别的，正是焦虑本身，或者更确切地说，作为情感的焦虑。因为作为一种情感，焦虑"干扰"并"妨碍"了从因果关系角度来识别、解释它的理论努力。因此弗洛伊德被迫将焦虑从它的情感，也就是焦虑的影响中分离开来。因为不能把该影响仅限于或者只看作自我对某个危险做出的反应，而排除其他可能，这是因为焦虑本身也可以变成它所面临并做出反应的危险。在寻求用一个"局部的"理论取代他早期的"经济性"理论时，弗洛伊德试图将焦虑置于正确合适的位置。但是他自己的讨论表明，焦虑没有什么正确合适的位置：它标志着自我构建或界定这样一个地方的尝试不可能实现，因为这个地方不可避免地会被移置、错位、污损（entstellt）。⑫

简而言之，弗洛伊德试图将焦虑置于由焦虑本身所产生但瞬间就被它扰乱的、二元或二分的时空内来理解它。他试图把焦虑

---

⑫ 这种移置的一个重要方面——尽管弗洛伊德不再关注它——表现为伴随着焦虑出现在身体上的变化：呼吸急促、出汗、心悸等。如果自我，正如弗洛伊德在《自我和本我》（*The Ego and the Id*）一文中所说，首先是"一个身体自我"，是"一个表面投射"的结果，那么焦虑在身体上的神经分布就体现了那个表面的侵犯，也因此合并吸收了焦虑所反映的"危险"。从这个意义上说，身体变成了另一种状态的信号。自我通过焦虑，试图通过其充满矛盾和模糊的表达，以及它们的时间组织，将其绑定到一个场景中。

理论建立在一个无论是从其外部的、客观的还是自我认同的意义上来看都是"真实"的危险基础之上。但是在确定焦虑是创伤的再现这一概念的过程中,他又不可避免地被迫回归到他想要排除的"经济"因素中。因为如果焦虑反映的"危险"是真实的——即与自我(ego),这个"本我(id)"的"有组织的部分",截然不同——那么它就不是自我认同的。弗洛伊德承认,这是"由需要处理的大量刺激的积累而引起的经济干扰……(而)它就是'危险'的真正本质"(《抑制》,p.63)。但是这个现实永远不可能被理论上的"洞察力"所完全掌握,因为就其本身而言它永远无法被看到、命名或识别。[13] 这就是为什么"现实"恰恰包含着大写的"X",这个未知的变量,"我们必须把它带入每一个新的方程式中"。精神分析思想不得不——通常是违背其意愿——返回某个不可能占据(besetzen)的点,因为它不可能被定位,这个"X"标志的就是精神分析思想被限制的位置。任何试图识别、定位或命名它——例如,称之为"创伤"——的尝试,一定会被看作预示着某种危险的信号。这种危险可以被理解,但是其本来面

---

[13] 如果"真实性"只能通过某个重复或"重新发现"的过程来理解(见第246页,第10行);如果要重新发现的那个"真实"物体根本不是一个物体,而是过剩的未束缚的能量(创伤),那么后者只能通过被歪曲埋藏而被视为真实。信号就是这样的歪曲理解,因此,它往往是一种危险信号。然而正如弗洛伊德所断言的,由于有意识的思考只能通过信号的形成"把自己……从不快乐原则制定的排他性规定中解放出来"(《标准版》第五卷,第602页),这种思考必须被设想为焦虑中发挥作用的"曲解"这个防御过程的延伸。对精神分析思维本身来说无疑更应该如此,这正是这些研究试图证明和探索的。

目永远不能被识别出来。⑭因此，弗洛伊德元心理学中的这个大写的"X"可以被称作精神分析思想的信号。

如果弗洛伊德试图用局部的理论来替换经济性的焦虑理论，从而将焦虑置于合适的位置的努力没有成功，但并非毫无意义：因为他的移置的结果就是要印证精神分析思想必须给出的唯一"解释"，这个解释既不"经济"（从所涉及的纯粹数量的意义上看），也不是完全"局部的"（从所涉及的纯粹场所的意义上看）；确切地说，这两种视角的解释（Auseinandersetzung）都不可避免地会出现不合理运用反复多变的、充满矛盾的解释因子的情况，作为精神分析概念的特征。后者既不能与非精神对立，也不能从非精神衍生出来；它不能从因果关系、外在与内在、现实与非现实，或者其他任何一个相对关系的角度来解释，而弗洛伊德却不可避免地要借助此类关系。但是，假如说冲突构成了心理的特征，它也深刻体现在精神分析思维本身当中。也许，没有任何地方比弗洛伊德用来反对兰克理论的声明更明显地体现出这一特征，"没有必要假设婴儿出生时除了能够以这样的方式预示危险的存在，还带有其他方面的能力"（《抑制》，p.63）。但是如果必须认为孩子从其最初开始就拥有预示危险的能力，这无异于承认：没有"最初开始"，因为从一开始就有了重复，也就是说，预示，

---

⑭ 关于"忧虑（apprehension）"问题以及它的一些理论含义的讨论，参见塞缪尔·韦伯1978年发表于《雕文》（Glyph）期刊第4期的"它"（"It"）一文，第16页及其后。

没有任何因果论解释会承认这一点。因此，对于任何一个理论话语来说，都不可能接受某一时间或地点"超越"或"先于"这个预示或重复的操作。但是如果没有这样的超越（Beyond），也就没有纯粹的这里（Here）了：对焦虑的精神分析表述也就此暂停，就像焦虑本身一样。弗洛伊德写道，焦虑总是"Angst vor etwas"——这个词语无法用英语表达，《标准版》如此为它做出标注（p.91）。因为这个安置焦虑位置的"vor"既表示"在……之前（时间）"，又表示"在……前面（空间）"。如果我们记得这一模糊性，英文译词"about（附近，周围）"（意为对某事感到焦虑）可能会带给我们一定的启示，特别是在表现空间的不确定性方面：焦虑总是围绕它试图识别的对象。而对于精神分析——对它而言，"思想"总是一个"信号"的问题——来说，其想法也并无二致：它再现了它所描述的焦虑。这样一来，精神分析思想就与众不同了。

第二部分

其他内容

拿去吧。这就是文稿。带着很大的不情愿,我将它交给你。如果不是理性和坦诚在支撑着我们,单靠个人凭借亲密关系并不足以完成这一著作。它完全在潜意识的指导下创作而成,正如著名的伊齐希(Itzig,一个犹太人,总在星期天骑马出门)行为法则表达的那样。(路人问他:)"伊齐希,你骑马去哪儿啊?"(他回答说:)"不要问我,问这匹马。"在开始撰写每一段内容之前,我从不知道我将在哪里结束。

—— 弗洛伊德给弗里斯的信

叶状体的含义

每一门科学都贯穿着某个意义的概念，该概念旨在让它所要产生的知识合乎标准。这样一个概念主导了精神分析的出现，这一点在弗洛伊德《梦的解析》开篇的纲领性的论述中得到了明确的体现。

> 在下文中，我将列举一些证据，证明存在一种心理技术，使得对梦的解析成为可能，而且，如果这种技术得以应用，则**每一个梦都会呈现出一个具有意义的精神结构**，并和清醒生活状态下的心理活动中某个指定的时点有特别的关联。（S. E. 4, I）

弗洛伊德在这里提到的前提条件，所采用的"步骤"或"技术"，当然就是他在梦的研究中阐述的特殊的解析方法。因此，从一开始，弗洛伊德的精神分析就致力于论证心理活动王国中"意图（meaning）"无处不在，以及理解这种意图所需的特殊解析技巧。在这样一种语境下，弗洛伊德面对的一个主要障碍就是意图的传统概念，传统概念上的意图既可以表示有意识的、意志想法的实施,也可以是机体的、生理过程的表达。弗洛伊德一开始着手解决的,正是这种选择性——即有意识的意向和/或生理机能——尤其是前者。在《梦的解析》中,从头至尾,他一再坚持认为,"最复杂的心理活动,没有意识的合作,也有可能发生"(S. E. 5, 593),因而,就心理活动而言,意图不能严格地等同于有意识的意向或想法。"精神病医生已经准备好……放弃他们所秉持的心理过程相互联系的信念"(S. E. 5, 528-529),他说,这正是因为他们都只是从有意识的思想的角度来解释这种联系程度和目的性的缘故。

弗洛伊德对梦的研究发展形成的解析方式以梦本身的镜像呈现:顺着心理造梦的路径回溯,解析工作试图沿着同一条路逆向而行,从梦的"显性的"内容,探究隐藏在其后面的,"潜在的"意图。难怪弗洛伊德提出的关于梦的概念的本质会逐渐被等同于显意/隐意的二元结构。这种等同引起了一个基本的错误概念,1925年弗洛伊德为《标准版》的第六卷(关于梦的运作)做了一个长长的注释,试图纠正该错误观念:

> 我一度发现,要让读者习惯于区分梦的显性内容和隐性思想非常困难……但是现在,分析师们至少已经接受了用解析所揭示的意义代替梦的显性内容的做法,不过他们中有很多人又陷入了另一种困惑之中,他们同样顽固地坚持这种困惑。他们试图在梦的思想潜在内容中寻找梦的本质,这样,他们就忽视了梦的隐性和梦的运作之间的区别。实际上,梦

不过是一种特殊的思维形式……是梦的运作创造了这个形式，它本身就是梦的本质所在——是对其特殊性质的诠释。（S. E. 5, 506-507）

弗洛伊德坚持认为，所有的梦，像一般的心理现象一样，都是有意图的，但是构成了梦的"本质"的并不是它的意图。梦的这种结构的独特并不在于它"隐性"思想中的语义内容，而是在于梦的运作让这些思想呈现出的特殊形式。按弗洛伊德的说法，这种"特殊的思维形式"的特征可以用一个词来概括，就是"Entstellung（毁损）"，这个词只有和"Darstellung（表演）"概念放在一起比较对照才能正确理解。除非梦事实上就是一种表演（Darstellung），一种表现形态，在这个形态中，原有的一系列想法被另一套相对应的内容简单而直接地替换掉，只有这样，它隐藏的，"潜在的"意义就是梦的本质的认定才可能正确。但是，弗洛伊德坚持认为，实际情况并非如此。当然，在梦里，梦的"隐性"思想被梦的"显性"内容替代和移置，这的确存在，但是这些过程不能被看作促成另一套内容代为表达原有的（自我同一的）想法的手段。梦的出现并非想要表达（representing）什么，而是为了"反表达（de-presenting）"——如果允许造一个新词来形容，尽管这无视梦这一事实——梦描绘了它在当下的形象，对此弗洛伊德也曾提及。因为梦中的形象画面（多数情况下是视觉上的）的呈现受到情节构想的语法规则的制约，其中的确切关系无法用现在时态来理解。这种语法规则的运行机制——潜意识语言——

和梦的四种运作手法一致：凝缩、移置、象征化①以及二度润饰。这些运作使得梦成为有别于我们清醒状态下的意识思想的一种"特殊思维形式"。清醒意识总是通过断言、主张和声明等形式来阐述自己的观点，遵循同一律和非矛盾律，而梦使用的却是另一种语言，它的同一性和非矛盾性是经过不同关系处理、变形及移置之后形成的效果，是有计划的，精心安排而具有误导性的。虽然梦的语言是一种"无意识的"语言，但这并非完全是因为它的"愿望"不能被有意识地"实现"，而是因为梦通过一种媒介运作，这种媒介在结构上无法简化为意识思想的表语语法结构。意识要求具有对等一致的称谓：主语、宾语、谓语，以便具有或形成意识（即意识到某事物的发生）；然而，作为梦的运作，毁损（Entstellung，毁容，同时移位），却是变换地方，并通过这种变换，改变这种同一性。而且，在"二度润饰"的讨论中我们已经看到，梦以一种特有的方式来实现这一点：不仅破坏、扭曲、扰乱（梦的想法，或愿望），而且还掩饰这个歪曲过程。同一性逻辑在梦的移置策略中占据了一席之地，因为它掩盖了已经发生的歪曲，那些已经完成的歪曲过程已经占据了意识头脑，而这恰恰是以假装

---

① 弗洛伊德的德语表达方式是Rücksicht auf Darstellbarkeit：字面意思是"关于可表现性的考虑"。但是，由于作为表征的梦的内容只能在梦中运作，充当某种"图形字谜"或象形文本（弗洛伊德）的组成要素，因此拉康建议用"舞台（mise-en-scène）"来翻译Darstellbarkeit这个词更合理一些。我认为，更贴切的表达是"场景（scenario）"这个词，它不仅需要我们关注梦的场景、戏剧性方面，而且还需要关注它的叙事时刻。当然，前提是要强调梦的情节不会停留在讲述（或复述）梦的旁观者或叙述者身上。

向意识臣服的方式来实现的。

相较于对梦做出解释或理论表达的解析者而言，这种怪异而独特的梦的运作对于被当作分析对象的梦的影响更为明显，也更容易处理。对于一些释梦者而言，很容易做出和接受这样的主张，即必要时可以对做梦者进行误导，只要这种误导有助于他们建立洞察力和可信度。在把梦和经过解析而揭示的意义等同起来的过程中，这些受过精神分析训练的释梦者自身也可能被误导，这种可能性让他们感觉不舒服，但还可以忍受，只要它没有影响到某些东西或某个人；那就是梦的运作理论，以及"弗洛伊德"。但是如果事实不再如此，那又该如何？假如把梦当作真相的歪曲来分析指向某个事实，即对意图的解析本身只是某个更大的过程，即"verstellenden Entstellung（掩饰性混乱）"过程的一部分或一小片——至少传统的理解和实践就是如此——那又该怎么办？这又将那个释梦者，或者说是梦的解析理论家置于何处呢？

这些问题出现在《梦的解析》的第七章，也就是最后一章的前几页中。这一章开头如下：

在别人向我报告的那些梦中，其中有一个在这一时点引起了我们特别的注意。（der jetzt einen ganz besonderen Anspruch auf unsere Beachtung erhebt.）（S. E. 5, 509）

弗洛伊德想要讲述的这个梦吸引我们特别注意的这一"时点（jetzt）"至关重要。紧随其后的，就是精心准备的长篇论述，在其中弗洛伊德对梦的运作，即梦的"精华部分"做了讨论和描述。它率先引入了一个崭新的学术研究维度，在这个维度中，弗洛伊德将会对一些现象，比如说梦，在"精神分析方面"——或者如弗洛伊德后来所称的，"在元心理学方面"——的意义进行仔细研究。这些介绍性内容，尤其是它们讨论的特定的梦，都承载着这样一个功能，即推动并实现对梦的描述性的分析解释，向形成综合性的理论概念过渡；换句话说，为某个推测做准备，我们也看见，弗洛伊德不可抗拒地被这个推测所吸引。就在这里——jetzt，意为"现在，当前"——带着一种奇怪的清晰，这个推测向我们展现了它的充满矛盾的吸引力。弗洛伊德继续他对那个梦的介绍：

> 这是我的一个女病人告诉我的，她则是从某个关于梦的演讲中听到的：它的真正源头我仍然不得而知。然而，它的内容给这位女士留下了深刻印象，以至于她"重做"了这个梦，也就是在她自己的梦中重复这个梦的一些要素，通过这种转移（Übertragung），在某一特定观点上表示赞同。（S. E. 5, 509）

这个特定观点是什么，我们从未被告知。然而，更引人注目的，是对梦的传播（德语Übertragung的另一个意思）网络的独特清晰的描述。在这一环一环衔接的重复和讲述中，"它的真正源头我仍然不得而知"，这个情形让我们想起，或预示着另一幕场景，在随后的章节——柏拉图（Plato）的《会饮篇》（*Symposium*）以及弗洛伊德在《超越快乐原则》中对它的引用——中我们会对此进行讨论。在柏拉图的文本中，一位女性充当了古老记述的代言者，而在这里，在《梦的解析》中，也有一位姓名不详的女性，只是被称为"一位女病人"，她深受某个梦的影响，而弗洛伊德本人称这个梦是一个"可作为典范的"梦：一个"样板梦"，优秀的，但同时也许是预示性的，有所指的。

这个可作为典范的梦的序幕是这样的：

> 一位父亲日夜守候在病危的孩子的病榻旁，直到孩子去世。孩子死后，他走进隔壁的房间休息，然而他将两个屋子之间的门敞开着，以便能从他的床位看见那个孩子的尸体静静地躺在那儿，周围环绕着高高的蜡烛。他请了一位老人来照料，并为之低声祈祷。睡了几个小时之后，父亲梦见他的孩子站在他的床边，握住他的胳膊，低声地责怪他："爸爸，难道您不知道我被烧着了吗？"他惊醒了过来，发现那位看护的老先生在打瞌睡，一支燃烧的蜡烛倒在蒙盖的布上，烧着了他挚爱的儿子的一条胳膊。②（S. E. 5, 509）

---

② 我的翻译，与《标准版》相比，恢复了弗洛伊德叙述这个梦时所用的现在时态。这种时态的使用暗示了弗洛伊德的叙述与所叙述的梦在结构上的关联性，正如弗洛伊德所强调的，梦总是把自己置于当前状态。如果弗洛伊德将后者与无意识的无时间性/永恒性联系起来，我们可以补充说，现在（the present）构成了梦的借口（pre-tense），即梦被移置的愿望实现。

我们看到，梦本身继续进行着一系列的重复，这是其传播过程的特点：守在病榻旁的父亲被看守灵床的"一位老人"所取代。父亲睡着了，老人打盹了。儿子"醒了"，并"叫醒了"父亲，父亲看见着火了，而老人并未发觉。我们可以"看出"，重复绝不会就此止住。但是让我们跟随弗洛伊德，听他对这个梦进行解析——或者更确切地说，听他叙述梦的解析过程，他声称，这个梦是如此的简单，事实上无须任何解析。

> 这个感人的梦很容易理解，我的病人这么跟我说，那位演讲者也做出了正确的解释。火焰的光芒穿过那扇敞开的门，照进睡梦中的父亲的眼睛，让他意识到有问题，而他若醒着肯定也会发现这个问题，也就是一支蜡烛倒了下来，烧着了尸体附近的某些东西。也许他去睡觉前就曾对老人能否尽职产生过怀疑，这也是可能的。（S. E. 5, 509-510）

死去的儿子，睡着的老人，以及处于两者之间的父亲，因儿子去世而戒备心减弱，又及时醒来并挽救了孩子的完整遗体，仅有一条胳膊轻微灼伤，烧坏了部分"裹尸布"——"Hüllen"——作为一场差点酿成的灾难遗留的痕迹。弗洛伊德认为，这个"感人的"梦，对它的解释者来说，完全不存在任何困难，不管是那个"演讲者"、女病人，还是这位《梦的解析》的作者，都是如此。按照弗洛伊德的说法，这个梦"足够简单"，而且让人感兴趣的恰恰就是这个简单性。但是首要的问题是，他指称的这种简单性体现在哪儿呢？首先，就是火光以及其他制造这个梦的"白天思想意识残留"的影响；这种残留显然包括父亲对老人"无法胜任"所托付的任务的可能的"担忧"。其次，父亲的内心中仍存有一丝渴望看到孩子重新复活的"愿望的实现"。

这样明确认定该梦的简单性之后，弗洛伊德接着解释他为什么在文章的这个位置介绍这个梦：

> 毫无疑问，这个不起眼的梦的哪一特征引起了我们的兴趣。迄今为止，我们主要关注的是梦的隐意以及发现这一隐意的方法，以及梦的运作用来隐匿这些意义的手段。现在我们偶然发现一个梦，它不存在任何解析的问题，它的意义是显而易见，毫无遮掩的，然而我们注意到，这个梦依然存在着某些本质特征，它们让梦如此显著地有别于我们清醒意识下的思想，也促使我们对差异做出解释。（S. E. 5, 510）

弗洛伊德从对这个"样板梦"的理解中得出的结论简直就是他迄今为止围绕梦的主题撰写的所有文章的根本问题（mise-en-question）："只有排除了所有与解析工作有关的内容之后，我们才会注意到关于梦的心理学仍然是多么的不完善。"（S. E. 5, 510）弗洛伊德的结论让我们想起《尤利西斯》（*Ulysses*）中的主人公利奥波德·布卢姆（Leopold Bloom）时不时唱出来的短歌：

> 没有了李树牌肉罐头，

家算个球?

不完整。

有了它幸福才有盼头。

如果梦的理论没有元心理学,那又算是什么?不完整,弗洛伊德这样写道。毫无疑问,有了它幸福才有盼头。但是通向这个天堂的道路却是不可避免的黑暗而不确定。

> 到目前为止,如果我没有弄错的话,我们走过的所有道路都引领着我们走向了光明——向着正确阐释和更全面理解的方向前进。但是一旦我们试图更深入探究做梦时所涉及的心理过程,就会发现,每一条道路都止于黑暗之中。(S. E. 5, 511)

通往推测的道路是如此模糊晦涩,因为它从已知的这头通向未知的那头,从清晰明确进入假设和猜测的模糊地带。弗洛伊德认为,即使在最好的情况下,把此类假设理论建构的推导和组合的错误保持在最小,也无法仅仅通过对梦本身的研究来获得任何绝对正确的认知。

> 从我们对梦的过程分析中得出的心理学假设必须在站台上等待,直到换乘列车的到来,将它们和其他试图从别的角度对这个问题的核心进行调查研究的众多结果联系起来。(S. E. 5, 511)

在这里，对元心理学推测性理论的描述偷偷变成了与斗争和搬运有关的语言，但经过我们前面对解释（Auseinandersetzung）的讨论之后，应该不会对此感到过于惊讶。实际上，在《梦的解析》的这个充满元心理学意味的第七章内容中，除了前面的介绍性内容，后面部分完全是一副对可能的反对意见预先做出解释的语调，这些反对意见可能已在前面对梦的讨论中有所提及。

然而，此处吸引我们注意的，是弗洛伊德向我们介绍和准备该解释的方式，似乎在和他先前提出的理论作对。他说，这个"小梦"的典型（vorbildlich）之处在于，它表明在解释梦的特殊性时意义和解释方面的讨论是如何地微不足道。弗洛伊德说，这使我们不得不相信先前的研究是不完整的。然而，如果我们打算接受弗洛伊德从表面意义层面对这个梦的解释，也就是说，这是一个既不需要也不接受任何进一步解释的梦，因为它毫无掩饰地呈现出其意图——那么后果就不会简单地是弗洛伊德的前六章理论的"不完整性"，而是这些理论根本性的先天不足。因为，正如我们已经指出的那样，这些章节总结出来的东西，不是别的，恰恰就是这样一个结论，即梦是一种经过掩饰的歪曲——无论从本质上还是从结构上而言都是如此，因此，它总是而且不可避免地需要解释方能被理解。要么是这个推论——一个意义完整而毫无掩饰的完全透明的梦——不合逻辑，要么就是那个理论——梦是无意识思维的一种特殊表现形式，其主要特征就是通过梦的工作掩饰其真实意图——必须予以彻底的修正。

但是弗洛伊德是否真的宣称这个梦的意义"显而易见"、透明而"毫不掩饰"？他的确这么做了，至少在他的文本中明确地表达了这个观点。但是，为了和解释分析的图像化特质保持一致，他又做了一个小心谨慎但又给人以深刻印象的注解，削弱了该梦的简单性。对于这个注解，到目前为止，在我们先前的讨论中一直予以有意忽略，因为它明显地有别于弗洛伊德的论述的主旨，将会使我们无法做出结论，除非前后逻辑不一致。当然，也正是这种逻辑不一致性，要求我们现在返回对其进行探讨的地方。对于那个演讲者给出并经女病人转述的梦的"简单"解释——隔壁房间刺眼的亮光让父亲意识到着火——弗洛伊德明确表示赞同，而后，他又加入了如下看起来并无恶意的限制条件：

> 对这个解释，我并没有任何异议，此外，也许可以添加一个必要条件，就是对于梦的内容必须做出冗余判断，那孩子生前必定对父亲说过类似梦中说过的话，与他父亲意识中的一些重要事件有关。(S. E. 5, 510)

这是一个其意义"毫无掩饰"的简单的梦，而这个谦逊低调的注解无异于扰乱了这一解析。这个"必要条件"，即要求这个梦和先前分析的其他梦一样，"必须对它做出冗余判断"，再次恢复了解释的必然性和中心地位，而这样的属性和地位恰是弗洛伊德在这里竭力质疑之处。因为就算这个样板梦被做了冗余判断，弗洛伊德企图赋予特权的解析在解释梦的特殊性方面无论如何都不足以证实解释的局限性。最重要的是，这个小小的梦并没有如弗洛伊德所希望的那样运作，即划出一条明确的界线，将先前探索的、已为人所知而充满意义的领域，也就是对梦的解析，及那些力图说清楚这一现象背后的模糊隐晦的前因后果的假设性猜测，分离开来。

在这里，弗洛伊德的梦就像一个超然于（jenseits）解析之外的球，一个笼罩于黑暗之中、未在地图上标明的领域，一片处女地，等待有人去发现。他渴望标示出这片乐土的必要性和完整性，正是这种渴望让他不惜牺牲刚刚出生的"孩子"——指出它的所有不足。这个姿态将会反复出现在弗洛伊德的作品之中，当然，它摆出一副随后就会重新占据并拥有的姿态：如果梦的理论仍不完整，那么随后的行动就是将它置于一个更大更强有力的理论整体中，假如它拥有必需的勇气、智慧，最重要的，是耐心，能够在站台上等待，直到正确的理论列车来迎接它。

在这里挥之不去的问题和这趟旅行的日程及其所穿越的空间有关。回顾一下到目前为止弗洛伊德走过的路程，他试图将空间划分成一种泾渭分明的对立形态，如光明和黑暗，黑与白；但是他的白日梦却被那个夜梦破坏了，这个夜梦本来是他利用来支持他的白日梦的。这个样板梦并没有证实意义的透明性从而指出有必要建立一种超越所有解释的理论猜测，相反地，它让人感觉解释还没有真正开始，尽管一直在解释。如果这个小小的梦可以被看作一个典范，那是因为它恰恰表明了弗洛伊德在此企图否认的概念，即解释和猜测简单地相互对立，因为在梦的解析中已经有某种特定形式的猜测在发挥作用，即使在那些看起来意义最明显不过的梦的实例中，尤其如此。"难道您不知道我被烧着了吗？"在《梦的解析》的语境中，小孩对父亲的这种提醒，变成了书中文本对造就了自身的"父亲"的责怪。因为虽然那个"小梦"中的父亲将会发现孩子的"胳膊"和他身上的"蒙布"被烧着，但是这位《梦的解析》之父却想将两者分开——将他的"孩子"与蒙在其身上的面纱分离开来。

"爸爸，难道您不知道我被烧着了吗？"然而，从某种意义上看，弗洛伊德确实在看，但他却视而不见。他提到，该小孩的话必定和"他父亲意识中的一些重要事件"有关，虽然是附带性的，却直接指向他的解释试图模糊处理的内容，即充满冲突的矛盾心理，它体现了一般意义上的欲望以及作为特殊情况的婴儿期欲望的典型特征，也是对梦做出不可避免的（也是结构性的）冗余判断的原因所在。弗洛伊德"看到"了所有这些，但他试图避免陷入它带来的那些后果之中，于是他运用了先前在本书中已经讨论过的一种手段，那就是隔离：他指出梦必须予以冗余判断这一事实，但是他的言外之意——这个梦的意义无法予以简单的揭示，不可能是"不加掩饰而现成的"——却被忽略了。

猜测一下促使弗洛伊德提出"一切解释之终结者的解释"背后的欲望——想要找到一个能够简单地反映现实并能够自我代言的梦，想要发现一个未加任何掩饰的意义，想要建立一个可以干净利落地划分为光明或已知（过去）和黑暗或未知（未来）的世界的欲望——无疑是一件有趣的事。毫无疑问，我们会回想起一个见解，精神分析将会以不同形式一而再、再而三地阐述这一见解，那就是，有很多的时间和空间，在这些时空中光明比黑暗更具威胁，尤其是当两者不再是彼此互不干扰的存在，不再是非此即彼的简单对立，而是处于同一空间时；例如，停尸房和卧室不再彼此对立（就像现实相对于梦那样）或者可以做出清晰的界定。这个有关孩子尸身着火的梦，还有它引发的解释过程，同时存在于或者说融合在这个也许可以称为"原初场景（Urszenario）"的情景中，在这个场景中，叙述者和被叙述者彼此之间奇怪地越来越相似。

可以肯定地指出的是，在弗洛伊德非常节约的文字描述下的这个样板梦的当前即时效果，与他实际上想要表达的观点正好相反：这个梦并非简单到无可解析，相反，紧跟在它后面出现的，是弗洛伊德将要展开的比以往任何时候都要广泛的、关于梦的解析和意义刨根问底式的讨论。这些讨论表明，这个"感人的"梦并没有让我们认为有必要超越解释学方面的问题本身，而是应该扩展和改变问题范围。弗洛伊德认为，没有逻辑性是梦有别于其他心理活动的特征之一，在这里，带着同样的缺乏逻辑性，弗洛伊德继续着他的论证过程。在将这个样板梦看作一个表达简单、清晰而意义单一的梦之后，弗洛伊德继续往下讨论：

> 关于梦的解析有一些更深入的、一定程度上没什么联系的观点……即使已经可以即刻给出一个完整的解释，而且解释言之有理，条理清晰且能说明梦的内容的每一个要素的含义，解析工作也并未就此结束，对于一个刚开始从事精神分

析工作的人来说，要说服他相信这一点极其困难。但是我们必须相信这一点，因为同一个梦可能还会有另一种解释，一种"冗余、过度的解释"，可能逃过了他的视线……读者总是倾向于指责作者毫无必要地浪费自己的智慧；而那些曾经有过这种体验的人对此会知道得更清楚。（S. E. 5, 523）

孩子对父亲的责怪（"难道您不知道我被烧着了吗？"）在此处又重复了一遍，就像预料中的读者将会对作者发出的责难一样。弗洛伊德试图找到一个无须进一步解析的梦，这是否就是他为了避免这一指责而做的努力呢？然而，就算真是这样，那也是注定要失败的，因为总是存在某个"冗余解析"的可能性——实际上，通常是必要性——这并非就是过度的、投机取巧或是滥用智慧的表现，而是梦的构造倾向需要这样的冗余判断。我们意识到，解析开始成为一个问题，不是因为梦的意义太少，而是因为太多：面对"大脑中大量的无意识思维列车，我们竭力在其中找到积极有用的表达"，但是解析者如何确定他应该搭上哪一列车，哪一个连接中转才是"正确"的那个呢？让满腹疑虑的读者去"体验"是不够的，因为这种体验只不过是最初产生了不确定性的那些矛盾冲突在意识中的残留。

如果说对这个确定性问题没有简单的答案，现在的确出现的情况是，解析者的立场，以及他从事的活动，不能再按照思考者的模式来解释：解析者的角色不再是传统意义上的旁观者或观察者；同时他也成了主要参与者，他的行为举止的后果取决于他深刻嵌入于其中的各方力量之间的关系对比：

> 能否对所有的梦进行解析，这个问题的答案必然是否定的。我们不应该忘记，在解析某个梦时，我们站在与造就了梦的扭曲形态的精神力量相对立的位置。因此，这是一个力量相对性问题，在于我们在智力上的兴趣，我们的自律能力，我们的心理学知识和在释梦方面的实践能否让我们掌控自己的内心去抗拒那种力量。（S. E. 5, 525）

总之，正是这个让解析成为可能——通过在第一现场形成梦——的力量同时也让解析结果变得不确定、不可预计，也不可能最终得以证实（或证伪）。因为可能没有这样一个"最终的"实例，而这正是因为不存在这种阿基米德式或先验的视角，当然不可能按照这样的角度建立这样一个定义或详细刻画。梦的拓扑图形结构似乎就是按照一种无法做出这样的区分界定的方式设计的。至少，这就是整个这一章节，或者可以说是整本书中最著名的段落表达的观点。在整个章节中，弗洛伊德都在试图描述他所谓的"梦之脐（中心）"：

> 即使是解析得最好的梦，也经常会有某个无法解释之处，因为在解析过程中，我们发现会出现一个一堆梦的想法纠缠在一起的情形，它拒绝对其进行任何分解说明，但也对梦的内容没有任何进一步的贡献。可以说，这就是梦之脐所在，

梦跨入未知的地方。梦的想法，也是我们通过解析了解的，应该是没有尽头的，这些想法从各个方向向外延伸，进入我们的思维世界形成的相互纠缠的网络中。在这个网络组织的某个更稠密的地方，梦的愿望冒了出来，就像蘑菇从它的菌丝中长出来一样。（S. E. 5, 530）

在这里，站在元心理学的门口，站在这个表面上将梦的解析的已知领域和猜测中的黑暗地带隔离开的分界线上，弗洛伊德再回首，却只发现，或者说只是描绘了充满亮光的已知领域中的一团模糊地带。然而，没有任何焦虑的语调，没有震惊的感觉，也没有担心的理由，因为这个"即使是在被解析得最好的梦里也难以理解，只能被遗留在黑暗之中的地方"，仍然可以被不偏不倚地置于其应有的位置，尽管黑暗而晦涩，或者也许正是因为其黑暗的特性才得以如此。似乎在清晰的背景衬托下，它的幽暗轮廓倒是变得更易于识别和定位。然而无论这个"纠结地带"是如何地难以看透，是如何地抗拒人们欲解开其中奥秘的努力，有一点是毫无疑问的，即这些梦的想法"对梦的内容没有任何进一步的贡献"——至少对弗洛伊德来说是这样。没有进一步的贡献？它只是刚好能够让我们走上正轨，引领我们来到这个奇怪的地方，仅此而已，弗洛伊德大概是这样认为的。但是如果这个纠结地带躲避对其做更深入的分析和解释，我们又怎么能如此肯定地说它对梦没有进一步的贡献呢？

无论如何，弗洛伊德似乎很满足于将它停留在这样的状态。

将这个纠结"隔离"之后,他接着对它进行命名并做出描述,他描绘的形象吸引了读者的想象,事实上可以说是让他们为之着迷。他创造的这个形象是如此生动和令人印象深刻,似乎就在启示性的大笔一挥之间就解决了所有的晦涩难懂之处,他给它取名为:梦之脐。作为身体与它的母体本源最后的联结处,还有什么能比这个位置更令人安心和熟悉,更原始而强大呢?这个地方是追本溯源和分离之所在,但它也是一个结。这个反思,除了该形象隐含的令人安心的连续性、传承性和本源性的意义之外,几乎没有产生任何影响。

经过意义的置换或转述变成这样的文本后,梦之脐于是看起来就有了双重的慰藉:它那难以看懂的黑暗晦涩明确标示了梦的愿望——梦的意义的来源——可以识别的地点和景象。这个梦的愿望从它那晦暗朦胧的纠结地带中向外生长,进入视野范围,从而为进行明确而清晰的解析提供了最终目标,并证实了它们的正确性。

对于那些无法阅读德文原版,只能看英文《标准版》《梦的解析》的读者来说,大概也会有这样的感觉。这一类读者很可能会快速掠过弗洛伊德关于梦的想法没有尽头的本质的描述,而不会停下来思考它产生的众多复杂而又难以预料的后果,因为斯特雷奇(Strachey)的译本使这些文字的内涵远不如它们在德文原版中那么令人印象深刻。对斯特雷奇来说,梦的思想"像枝丫一样向四面八方生长,进入我们的思想世界形成的错综复杂的网络中"。但是弗洛伊德所说的"网"不仅是错综复杂的——从无限费解难懂的意义上看的确如此；同时，它也是，或者说根本就是陷阱。陷阱，尤其是那些无意识陷阱，同样很容易被忽略。

在《标准版》中译作"错综复杂的网络（intricate network）"的词语，在弗洛伊德的德语原文中是"netzartige Verstrickung（网状复杂化）"。词序的颠倒凸显了这种变化：在弗洛伊德文本中，产生作用的"网络"并不是一个稳定的或清晰明确的物体，而是一种会使人纠缠于其中（verstrickt）的运动。或者，更确切地说，梦的思想的纠结地带（Knäuel，一团乱麻）不会停留在它固有的位置上，它开始侵入我们白天的、清醒而有意识的思维活动中。

但是，随着这种生长，梦之脐并没有如《标准版》所暗示的那样，向四周分出枝丫，长成一棵令人放心的坚实的大树，而是变成了一个更令人不安的布满圈套的陷阱。无限衍生，这个让人感到安慰的永不枯竭性，在弗洛伊德的文本中，被某个永不消停的纠缠蒙上了一层阴影，这种纠缠似曾相识，但又不再像看上去那么熟悉。最重要的是，梦的思想和清醒状态下的思想之间原本清晰的界限开始变得模糊；其中一个向另一个的地盘扩展，"没有切断／封闭／结束（ohne Abschluss）"，就像弗洛伊德描述的那样，这一事实让我们无法像以前那样清楚区分二者的不同。

由于我们对这段内容的第一次解读"没有封闭／结束（ohne Abschluss）"，"尚未完成"，且让我们沿着来路返回，重新开始解读。虽然即使在"解释得最好的"梦中，我们也不得不留下一块区域处于黑暗笼罩之下，这首先是因为我们以一种特定方式来看待，或关注——"man...merkt（觉察，标识）"——那个地方。

"梦的想法的纠结地带"是确定无疑的,因为它不仅是一片光明之海洋衬托下的一个黑暗斑点,而且就像日出那样升起并漂浮于其他部分之上。虽然我们无法解开附着在这个形象上的千丝万缕的纠结,但它的位置看起来异乎寻常地清楚:它跨坐在未知领域之上。因此,它所在方位,不仅标示出了解析能够达到的极限所在,而且还威胁再前进一步就要失去控制。因此,在弗洛伊德对梦之脐的描述中他含蓄地提出警告,"到此为止,勿再前进",因为如果我们继续向前,无疑会失去梦的踪迹,失去梦执行其愿望的痕迹,迷失在我们日常想法的迷宫中。由于这些千丝万缕的纠结对梦"没有更进一步的作用",也就没有必要做更深入的探究。我们能做的,应该做的,就是即刻在这里停下,好好地观察琢磨一下这个梦之脐。

但是这个"这里"又在哪儿呢?在这个浓密而昏暗的地方,"梦的愿望冒了出来,就像蘑菇从它的菌丝中长出来一样"?这个脐的形象暗示着这是一个指向梦的中心的位置,生成梦的地方。位于梦的始源中心,这个位置通常被认为就是梦的愿望之所在。然而,正如我们所见,就其本身来说,梦的愿望并不构成梦的"本质":它先于梦发生,而且,它是按照意识思维的逻辑和语言规范来表达的。而梦的"本质"是一种移置行为,在梦的运作过程中同时也通过梦的运作,梦的想法、梦的愿望被提交给这种移置行为进行加工处理。梦的愿望经过改编转录形成梦的假象——由梦的诸多想法构成的各种不同思维链编织而成的组织或网络结构——就这样,梦的独特性被构建了起来。

当我们沿着这些思维之链或思维之列车的方向前行时，我们就离开了梦的显性内容，向着梦的隐性含义，即梦的愿望前进。但是我们同时也就离开了梦本身，进入梦延伸到我们整个思维世界的分支中。这就是为什么如果我们不能确切知道在哪儿停下，我们就可能会失去我们正在寻找的东西——梦"本身"。

幸运的是，弗洛伊德向我们保证，我们确实知道应该在什么地方停下：在那儿（dort），在那个一丝一缕的众多不同想法汇聚到一起，形成一个肯定无法看透但是也不会搞错的结之所在：一个由我们不知是什么，但知道肯定不是什么的东西构成的结。问题依然存在，而且相当顽固，那就是：我们如何才能知道，在什么时候、什么地方我们已经抵达这个梦的解析的关键所在呢？我们无法继续解析是否就是一个充分的信号，表明我们已经来到这个无法看透的梦的内核？甚至，我们能确定这个古怪的脐真的位于梦的中心，就因为我们的解释让我们更加远离梦的显性内容，更加靠近"我们的思维世界"？

我们需要的是一个向导，能够在这个令人迷惑的空间和地点给我们指明方向。事实上，近些年来，已经出现了这样一个向导，这个人就是雅克·拉康。在1964年的一系列演讲（现在已经以《精神分析的四个基本概念》[*Les quatre concepts fondamentaux de la psychanalyse*]为书名出版）的开始，拉康对他的听众（以及未来的读者）宣布："当你们阅读弗洛伊德的文章时，你们可以依靠我推介的专业术语来指导你们。"③毫无疑问,拉康推介的术语指导了很多响应他"回归弗洛伊德"的呼吁的人士。拉康对这些术语做了清楚而深刻的论述,更具有重要意义的是,他的话语直接引领我们来到正在关注的地方:

> 就这方面而言,没有什么话语是四平八稳不会冒犯他人的,在过去的十年中我开展的这个理论著述,能够产生一定的影响,在某种程度上来自这一事实。即使是在大众语篇中,如果有人对那些触及弗洛伊德所谓的脐——他称之为"梦之脐(navel of dreams)",并归根结底(au dernier terme)将它指向未知世界的中心——的相关主题进行论述,也绝不可能毫无影响。这个梦之脐,就像它的形象代言——解剖学上的肚脐——一样,不是别的,正是我们提到的深渊(abyss)(béance,意为深渊,裂隙)。④

无论拉康的文章在其他方面表述有什么不清楚,几乎不用怀疑的是,"归根结底"——au dernier terme——它的术语引领我们通向"未知世界的中心",通向béance(裂隙)之类的终极表达。在此,拉康再现了我们在弗洛伊德身上见过的姿态,就是终极分析本身特有的姿态,一种表示终结和决断的姿态:旨在终结

---

③ 拉康,《精神分析的四个基本概念》,发表于1973年,第25页。

④ 同上书,第26页。

梦的想法的无限发散状态的最终表达。这个最终的术语表达，这里用béance（裂隙）表示（那里用的是manque［空白，缺陷］一词），指出这个地方就是想要的终点，我们可以停下并走下梦的思维之列车。这就是最后一站，路的终点，或终点站，每一次远行开始和结束的地方；它和无名的、偏远的小停靠站大不一样，按照弗洛伊德的说法，在这里，每个人都必须做好准备，耐心地等待中转车（Anschluss）的到来。

拉康很确信地标出了梦之脐的精确位置，首先把它确立为"未知世界的中心"，然后将该中心和"我们提到的裂隙"等同起来。这种确信建立于某个弗洛伊德以形象化比喻描述的特定见解之上，这种比喻性描述使得拉康能够宣称梦之脐和"解剖学上的肚脐"处于一种相互指证的关系，反过来，这种关系又来自一种双方共有（共同体现出来）的属性，也就是裂隙、缺口或深渊，据称两者皆有这一特征。

这样看来，足够矛盾之处在于，正是这一属性，这种缺失、开裂或虚空，给那些在拉康的专业术语指导下的读者提供了某个足以坚定支持的信念：

> 如果你能随时看一下这个初始构造，就不会有让自己迷失在潜意识这样或那样的局部表达中的风险……你可以更彻底地看到，潜意识必须置于一种共时性（同步）的维度内来考虑……在这个维度内，说话的主体无论是在措辞表达还是行为状态方面都丧失了自我，然后又重新把它找了回来……

简而言之，就是处于这样一个层面上，出现在潜意识中的所有东西都像菌丝一样发散——就像弗洛伊德对梦的描述那样——**围绕着某个中心点**向外延伸。⑤

如果它只是一个关于弗洛伊德说过什么或想要说什么的问题，我们在这里可能就会跟着拉康一起前行，前往一个归根结底既处于中心位置，同时又空无一物的位置，拉康称之为"难以确定的对象"。⑥如果它是一个关于拉康和弗洛伊德都希望看到什么的问题，比如说，梦的意义非常壮观地从它的菌丝中升起，阴茎的意义，那么拉康的贝德克尔（Baedekers）阅读指南也能够满足这一点。不过弗洛伊德有过声明，他不喜欢这种阅读指南⑦，而且，他的文章也十分抗拒这些指南的图解映射。例如，现在就有这样一个例子，那些文章之中没有任何论述能让我们得出结论，明确这个梦之脐是中心所在还是空无一物。相反，它看上去似乎出奇地充实，过度饱和，如果说它给我们的理解造成了困难，那是因为

⑤ 拉康，《精神分析的四个基本概念》，第28页。
⑥ 同上。
⑦ "我必须承认，我一点儿也不喜欢编造世界观。不妨把这些活动留给哲学家们去做，他们公开宣称，若没有贝德克尔阅读指南向他们提供每一门学科的信息，他们就不可能完成自己的人生旅程。他们从他们优越的需要出发，蔑视我们。让我们谦卑地接受这种蔑视吧！但是，既然我们也不能放弃我们自恋的傲慢，我们可以从这样的反思中得到安慰：这种'生活手册'很快就会过时，而且正是我们目光短浅、狭隘和挑剔的工作迫使它们不断地以新的版本出现，而且即使是它们中的最新式的东西也没有什么，只不过是试图为古老的、有用的和完全充分的教会要义找到一个替代物。"（《抑制、症状和焦虑》，第22页）

它容纳了太多的信息，而不是太少。简而言之，一个千头万绪的线团（knäuel），无论它可能是什么，绝不会简单地只是一个裂隙（或是深渊）。而且，最重要的是，没有什么证据能让我们断言，构成这个"脐"的网状结构的众多思维链条和列车、各种丝缕和陷阱都围绕着一个中心干净利索地向外发散。如果说弗洛伊德关于这个脐的描述与拉康的不同，那正是因为它会带来某种拉康力图想要阻止的变动，那就是中心的概念及其位置的变化。弗洛伊德描述的脐既没有中心，也不构成中心。它的姿态非常与众不同：它跨坐在未知领域之上。因此，让我们先来仔细想象一下梦之脐的这种独特姿态或所处位置，跨坐在未知领域的边缘，或上面。让我们先从研究——可以说，就像临床检查一样——单词"straddle"的某些意义开始。按照《牛津英语词典》(*Oxford English Dictionary*)的说法，这个词源自动词"to stride（跨过）"；但是字典中列出的各项意思都强调了这个词经历的词形变换过程。从一个表示向前运动、前进的动词，"straddle"逐渐成了表示各种停止、阻滞性质的动作，因此，也就具有了表示某个位置的含义。在《牛津英语词典》给出的众多意思中，我们发现了以下这些内容：

1. a. 不及物动词，指行走，站立或坐下时双腿分得很开。b. 形容腿：叉开双腿站立。c. 形容物体，尤其是有腿的物体：四肢伸展坐着（或躺着）。

2. 双腿叉开大步行走。

3.（站立或行走时）分得很开。

4. a.（一边一条腿）坐下、站立或行走于某物之上，跨坐，跨立。b. 跨立或横卧于某物之上，四肢分开于两侧。

5. 美（口语）对……持中立的态度；两面讨好。

6. 扑克，（押金、赌注）加倍。

7. 火炮射击术，首先在一侧射击，然后从另一侧射击，以此确定目标的距离。

在这些解释最后，是同义词"Bot. divaricate.（植物学，分为两叉）"。

正当我们以为已经得出结论，可以做出最终的分析时，我们却在最后遇到了一则令人迷惑的注释信息。于是，为了保证绝对不会遗漏任何重要信息，我们转向这个单词：

Divaricate（分为两叉）：1. 不及物动词，拉伸或伸展开，发出枝杈或分开；（植物学和动物学）显著分叉。2. 及物动词，显著地拉开或劈开。3. 向不同的方向延伸、生长。

弗洛伊德使用的德语词"Aufsitzen"的英语译词"straddling"似乎因此而浓缩了我们刚刚探究的第一部分中的动作，离开—彼此—确定（Aus-einander-setzung），既是及物动词又是不及物动词（既是迁移、传递性的又是非迁移、非传递性的），一个分开过程。只是这里的这个行为不是想法或概念上的，而是身体上的，具体而言，就是腿部的动作：两腿尽量地叉开，或站，或坐，或走。"占据或采取一种模棱两可的位置或姿态……进退皆可",这句话也提醒我们留意这种"占据"——潜意识本能冲动(Triebe)对"表象"的"占据(Besetzung)"或"贯注"——因为所有这样的姿态都是欺骗性的,都是一个骗局,旨在"推动"某个不可能做到的让步,难道不是吗?这种让步也可以指一种扑克游戏,在这个游戏中你不可避免地只能加大赌注才能继续留在游戏中,不是吗?

就这样,弗洛伊德的"两条腿"不偏不倚站在一个站不住脚的选择的两端(中心或非中心,空白或充满意义等),做出"straddles"的姿态,带着《牛津英语词典》中所有那些充满挑衅性、诱惑性的释义。对于这一场景,所谓的原初场景或许是唯一的最具有画面感的形象表达了。但是我们仍未结束对弗洛伊德惯用的形象化语言产生的众多复杂而又难以言明的可能结果的讨论,这种语言在表达思想方面的表现力可能不如其产生的反作用,"ent-stellt(变丑,破坏)"。因为弗洛伊德没有简单地止步于将梦之脐指定为是"梦跨坐在未知世界之上的地方",他还描述了该未知世界,更确切地说,是描述了从该未知世界冒出来的东西,也就是"像蘑菇从它的菌丝中长出来一样"的梦的愿望。因此,这个梦的愿望就与所谓的"菌丝"产生了不可分割的关系。梦的愿望从梦之脐中出现,同时使我们了解了它一些"不为人知的"方面。那么,对于菌丝我们又有什么描述呢?我们再一次向《牛津英语词典》寻求答案,当然这一次也没有让我们失望。

Mycelium（菌丝）（来自希腊语 Mŷkes，蘑菇，寄生于上皮细胞），（植物学上）指真菌类植物叶状体的无性繁殖部分，包括白色细丝状管（菌丝）；蘑菇孢子。

梦的愿望从菌丝中立了起来，就像阴茎一样，它让我们想起了拉康的解读有意想要遗忘的观点，即梦之脐不能简单地理解为就是一个与某个对象的阴茎，或是豁口、裂隙，或者是缺席的中心有关的问题，原因很简单，就是叶状体的存在。弗洛伊德对梦之脐的描述是如此清晰，就像这些文字清楚表明的那样，梦之脐把我们指向另一个方向，很难看清楚，但也不是完全看不见。这里出现的问题与脐的位置，也就是梦的愿望出现的地方有关。简单地说，就是叶状体的含义是什么。我们最后一次参考《牛津英语词典》，发现了一个奇怪的定义：一个几乎完全由否定构成的解释。

Thallus（叶状体）（希腊语 thallos，绿芽，来自 thállein，开花），（植物学）指一种没有脉管组织的植物结构，其中没有分化出茎和叶，也没有形成真正的根。

难怪，在这里要像拉康所承诺的那样（"你可以更彻底地看到……"）"更彻底地看到"是如此困难。因为这个奇特的事物的本质看起来似乎只能通过否定来描述，也就是说，用潜意识的语言来描述，潜意识正是使用这样的语言形式，使自己能够被意识接受而免于被压抑。⑧

我们开始明白为什么弗洛伊德会将他的描述止步于这个蘑菇及其菌丝,而没有提到叶状体。因为关于这个叶状体,他会告诉我们的信息,除了我们目前已知和未知的,可能就是下面这些:它是一种"没有脉管组织的"结构,没有"分化出茎和叶",最重要的是,"也没有形成真正的根"。这个梦的愿望的"根",它的根基,其定义就是没有真正的根。这是不是意味着它的组织结构内部有很多假根呢?

和叶状体相比,拉康的"阴茎的含义"看起来就像小孩的游戏:缺少、裂隙,指向意符之影响的意符——诸如此类的配方式表达在这个本质相同而稳定的,被叶状体扭曲、扩张、错位和毁损的空间连续体中轻松随意地移动。

也许这表明了我们如此解读弗洛伊德的局限性,我们将他的形象化语言看作某种可以把握、命名的物体的表达,从根本上说,将它看作一个终极的分析,可能是不对的。也许我们需要一种不同的解读,以另一种方式跨过弗洛伊德的文章。因为,虽然受限于我们检索到的解释,不是一个中心缺失的深渊,而是一个脐或叶状体,但在我们眼前,恰恰就是"意义"这个概念开始发生变化——尤其是当我们把目光转向弗洛伊德的文字时。因为我们译作"straddle"的词在原德文中还有另一层意思:"jemanden(有人)"或"etwas aufsitzen(受骗)",也可以指"被某人或某物欺

---

⑧ 弗洛伊德,《论否认》。

骗"。例如，被未知世界（das Unerkannte）欺骗。或者是被拉康推介的术语表达所欺骗，如"Nom-du Père（Name-of-the-Father，意为'父亲之名'）"这个词，他认为，一定也可以念作"les non-dupes errent（the non-dupes err，意为'不易上当的人犯错'）"。然而，如果必须把这个错误理解成是命名这一行为姿态本身的基本构成，那么这将对所有试图通过命名这一手段来阐述真相的话语产生影响：不管它是弗洛伊德的、拉康的，还是本文。

这样看来，叶状体的含义似乎逐渐——或者更确切地说是有意——变成了对所有想要清晰阐述含义的意图开的一个恶劣玩笑。因为弗洛伊德关于梦之脐的描述产生了众多不可预料的后果，这些后果让人觉得梦的解析开始并结束于一个精心设计的骗局：摆出一副必要的结构性的姿态，是一种欺骗，或许还是一种强加于人的行为。

不管怎么说，无须怀疑的是，正是这些问题迫使弗洛伊德继续前行——或慢走，或大步前进，或跨坐——从梦的解析（在这条通向无意识的道路上，他犹如国王般被人尊崇），进入另一个他的地位不如在梦的解析中那么权威的领域——诙谐。我们将会看到，这并不是玩笑，过去不是，现在也不是。

诙谐：儿童的游戏

关于《梦的解析》，弗洛伊德最早遇到的一个批评来自他的"第一读者兼评论家"弗里斯，弗洛伊德曾向他赠送了部分手稿。被弗洛伊德称为"其他人的楷模"[①]的弗里斯，是首位提出反对意见的人。后来精神分析一而再，再而三地遭到人们的反对，理由五花八门，其中最普遍的当属卡尔·克劳斯（Karl Kraus）所提出的著名观点，他声称"精神分析本身就是它宣称要治疗的疾病"。而弗里斯则是对弗洛伊德标榜要解释的梦所表现出的令人惊讶的机智巧妙特性提出了怀疑。他质疑道，一个如此脱离有意识的意志控制的心理活动，事实上却呈现出了到目前为止完全为意识所独有的特征，这是如何做到的？也许，他暗示道，弗洛伊德所认定的梦的特征，严格来说，实际上只是他本人的解释的产物。对这一反对意见，弗洛伊德做了双重的应对。一方面，他辩护说，他的解析之所以显得精巧机智而诙谐，是因为梦本身就有这样的属性：

---

① 弗洛伊德，《精神分析的起源》，第298页。

毫无疑问，做梦者显得太过于精巧而诙谐机智（zu witzig），但这既不是我的错，也不表明这一指责（einen Vorwurf）就是对的。所有的做梦者都是这样机智诙谐，令人难以忍受，但他们不得不如此，因为他们处于压力之下，进入意识的直接通道被挡住了……所有无意识过程表面上的诙谐机智都和诙谐理论以及滑稽理论密切相关。②

面对他的第一读者私底下做出的轻声批评，这位精神分析之父以一种表面上直截了当的方式回答：这不是我的过错。他声称，假如梦是诙谐机智的，甚至令人难以忍受——那是它不得不如此；它别无选择，因为它无法像我在此时此地这样，这么直截了当地对你做出回应。但弗洛伊德的回答其实并不像它看上去那么直截了当。虽然他似乎想把自己从过于机巧和弄虚作假——从根本上说，篡改胡说（Entstellung）——的指责中开脱出来，但他最后的猜测削弱了这一辩解。他说，一切无意识过程展示的机智诙谐的外在假象，"与诙谐理论以及滑稽理论"密切相关。然而，理论并非由无意识本身书写——至少不是直接由无意识写就——而是由一个有意识的主体所创造。因此，把分析对象，即"所有做梦者"或"一切无意识过程"，拉过来做挡箭牌，并不能简单地免除理论解释面对的所有怀疑。

问题因此发生了转移：就算梦的诙谐特征可以归咎于

---

② 弗洛伊德，《精神分析的起源》，第297页。

它们要表述的冲突性情境，并且梦以其特有的破坏污损手段（Entstellungen）来应对这种冲突情境，那么，对于试图理解这些破坏污损过程的理论而言，在多大程度上也会染上这种特征呢？简而言之，这种论述梦的掩饰破坏过程的理论在多大程度上本身就是一种掩饰破坏呢？

这个问题顽固而棘手，它决定了弗洛伊德的第二个反应。继先前拒绝对梦的机巧特性承担任何个人责任之后，弗洛伊德承认对他以前试图充分地阐述该问题的做法不尽满意：

> 梦的活动本身（die Traumsachen selbst）我认为是无懈可击的；我不喜欢的是它的表现方式，它无法进行简单而优雅的表达，总是陷入过于机巧、需要细究图像隐含信息的拐弯抹角的表述之中（in witzelnde, bildersuchende Umschreibungen verfallen ist）。我知道这一点，但不幸的是，我身上，知道梦的真相并知道如何理解它的那部分"我"，却没有产生。③

"不幸的是"，对这个问题的一切都"了解"的"我"是徒劳无益的：它只是"我身上"的一部分，而制造了让弗洛伊德如此不满的表现方式的，却是他的另一部分。换句话说，像他所研究的做梦者一样，弗洛伊德也没有选择，只能陷入"过于机巧、需要细究图像隐含信息的拐弯抹角的表述之中"，这种

---

③　弗洛伊德，《精神分析的起源》，第297页。

表述方式使他的调查研究的科学客观性受到严重怀疑，因为这位《梦的解析》的作者也被拦在"直接表达通道"之外。像那些做梦者一样，他也不得不仔细找出那些看上去绝对精巧做作设置（witzelnd）的图像。在他对梦以及梦所涉及的无意识过程的解释（Auseinandersetzung）中，弗洛伊德本人亲口承认，他的语言被它的描述"对象"污染了。这并不可笑，因为这种污染使他的分析的诚实性和可靠性受到了质疑。论述扭曲、欺骗和变形（现象）的科学语篇的可靠性取决于它能否保持自身免受它试图理解的现象的影响。然而，在这里，正是这种免受影响的状态和距离保持了很大的不确定性，弗洛伊德在给弗里斯的下一封信中也承认了这一点。在信中，他承认弗里斯的反对并不是毫无根据的：

> 在我内心的某个地方，有一种对形式的追求，一种对完美的欣赏；我所写的关于释梦的文章充斥着冗长费解的句子，它们炫耀着其迂回曲折的话语，表达着似是而非的想法，严重违背了我的理想。因此，我只能公正地认为，这种缺陷表明我没有充分理解掌握这些材料。你一定也有同感。④

感到遗憾，并承认对材料"没有充分理解掌握"，这反映了一个严重的问题：要对梦做出根本解释，解梦者必须让自己参与这种制造和再现梦的过程的扭曲破坏（Entstellung）行为。事实上，

---

④　弗洛伊德，《精神分析的起源》，第298页。

正如我们已经注意到的,梦只有通过这种扭曲破坏和重复的方式才能形成。然而,如果我们希望人们严肃认真地对待梦的解释,那么梦在逻辑、时间、结构上的序列性,也就是它的顺序,就不能被完全打乱。梦的解析是对某一个不同于自身的事物,某个在理论上——如果不是事实上——先它发生的事物进行解释。至少弗洛伊德是在这样的假设之下进行操作的,即使在今天,大多数科学论述仍在这样的假设前提下继续发挥着它们的作用。

无须多言,在这个"其他人的楷模"的批评下,岌岌可危的就是弗洛伊德的理论表述的权威性。站在这个角度来看,弗洛伊德所说的"所有无意识过程表面上的诙谐机巧(scheinbare Witz)都和诙谐理论以及滑稽理论密切相关"就具有了额外的含义:这种"密切关系(Zusammenhang)"恰恰表明了问题所在。弗洛伊德理论的地位取决于它与"表面上的诙谐机巧"之间的关系:要么它能透过表面(Schein),进入隐藏于表面下的无意识的本质,一个严肃、具有实质性内容的实体;要么止步于表面上的诙谐机巧,使这个理论沦为一个笑柄而收场。

这是一个进退两难的处境,可以说弗洛伊德的整个理论事业的权威性和独立性都处于岌岌可危之中,于是他决定将诙谐作为研究对象,作为对所面临困境的回应。在研究开始时,他就采取了多项预防措施,这表明,他要努力建立一种语境,在此语境中,这些利害关系几乎不明显。它的名字《论诙谐及其与无意识的关系》(*The Joke and its Relation to the Unconscious*,以下简称《诙谐》)⑤很容易让人形成以下观点，也是读者们自那时起理所当然地认为正确的概念：对诙谐的调查研究只不过是一个运用精神分析进行研究的实例，在这个实例中，通过阐明一个严格来说只是与精神分析略微沾边的问题，证明了精神分析理论习得的丰富性。这一书名告诉我们，要把诙谐放在"与无意识的关系中"——即将诙谐放在与这个精神分析的主要理论发现的关系中进行研究。贯穿本书始终，精神分析理论似乎一直都是作为理论基础，作为接近、分析、解释诙谐（玩笑）现象的参考依据而存在。我们几乎不会怀疑，在此项研究中讨论的问题是精神分析理论本身，这一点也许比在其他研究中体现得更明显。

当然，那个问题从未直接摆在读者面前。它只是逐渐地出现，但遵循一种特定的模式，对于这种模式，我们正慢慢地变得熟悉起来：如同对梦的研究一样，在界定研究对象时也会面临不少困难，在这里，就在这些困难中，该模式的痕迹或表征逐渐显现了出来。问题就出现在弗洛伊德《诙谐》一书最开始的几页：为了将诙谐与无意识联系起来，必须首先找出诙谐所在并予以确认。因此，这里就出现了一个主要障碍，就是如何确定真实可靠的例子，以其为基础可以进行诙谐分析。对于前辈们在研究中仅局限于少数公认经典的诙谐的奇怪做法，弗洛伊德做了如下评论："令人感到惊讶的是，那些文章的作者们在研究中均满足于如此少的、本身已经得到公认的诙谐的实例，而且居然每个人都如出一辙地

---

⑤　本书正文中的页码参考引用诺顿出版公司版（纽约，1963年）。

从其前辈那里引用了同一些例子。"(《诙谐》，p.15）尽管弗洛伊德也准备接受这条传统规则，给予前辈们比在《梦的解析》中更多的尊重，他还是强调有必要也有义务通过增加新的诙谐例子来拓宽研究范围，尽管这些新例子缺乏长期的探索传承形成的权威性，但它们"在我们的生活中给我们留下了最深刻的印象，给我们带来最多的笑声"(《诙谐》，p.15）。在该书的第一部分，弗洛伊德就开始着手积累形形色色这样的诙谐例子，但随着它们数量的增加，由于这些例子主要来自个人经历，对于它们的准确程度的怀疑也与日俱增。在积累这些例子的过程中，遇到的典型困难就是对利用"比喻或类比（Gleichnis）"技巧构成的玩笑的疑虑：

> 我们已经承认，在我们审查的一些例子中，尚不能彻底排除它们能否被看作诙谐的质疑。在这种不确定性中，我们意识到我们的探究的基础已经严重地动摇了。但与其他任何材料相比，在类比式玩笑（Gleichniswitze）中我更强烈、更经常地意识到这种不确定性。这种感觉……告诉我"这是一个诙谐，这可以作为一个诙谐来表现"，甚至在隐藏的诙谐特征被发现之前……这种感觉让我随时都会陷入这种玩笑式类比（witzigen Vergleiche）之中。(《诙谐》，p.114）

似乎弗洛伊德已经开始怀疑这种玩笑式类比不是一种有效的诙谐种类，或者说虚假的类比（Gleichnis）才是诙谐。如何从它本质的真实性上确认是否为诙谐，这个难题恰恰是根据类比的运用而提出的，这似乎有一种特别的含义。我们应该还记得，类比正是18世纪以来现代学术界对诙谐展开思考的始发点。对康德而言，诙谐的作用是"将各种不同的表达放在一起（融合）"，他将类比定义为"制造相似之处的手段"。⑥弗洛伊德对诙谐地位的不确定感应该是由这方面的行为表现引起，这表明弗洛伊德的研究方法与他的前辈们有很大的不同之处。因为类比或相似是一种用于表达的手段，弗洛伊德所摒弃的，正是这个传统上用来定义诙谐（Witz）的表达功能。对他而言，诙谐的特异性不能仅仅与表达联系在一起，或更普遍意义上说，不能像康德所主张的那样，仅仅和认知官能的运作联系在一起。（"它将对象划分为不同类型，就这点而言……诙谐……与理解相关。"⑦）相反，对弗洛伊德而言，诙谐与众不同的特征体现在它所制造的特殊效果中，这个效果使我们确信某个表达的确是一个诙谐，除了这一点确定之外，其他一切东西都变得不确定。这个效果就是笑声，似乎运用类比的诙谐中一贯缺乏的正是这个笑声：

> 虽然从一开始我就毫不犹豫地宣称某个类比是一个诙谐，片刻之后我就发现，它给我的乐趣与我习惯上从诙谐中获得的乐趣有着本质上的差别。诙谐式类比很少能让人捧腹大笑，

---

⑥ 康德，《实用人类学》（*Anthropologie in pragmatischer Hinsicht*），第十二卷，第51小节，W. 魏舍德尔（W·Weischedel）主编，美因河畔法兰克福，1964年，第537—538页。

⑦ 同上。

而这种大笑正是一个好的诙谐的表现，这个事实让我无法以通常的方式——即把我自己限定在那一类诙谐中最好最有效的例子上——来消除这一疑虑。(《诙谐》，p.82）

弗洛伊德认为，一个不能使人"捧腹大笑"的诙谐根本不能看作诙谐。因此，诙谐的本质与它制造的笑声是密不可分的。然而，这一特征给任何关于诙谐的理论探讨带来了非同寻常的困难。因为笑声属性并非只是众多属性中的一种；它给我们在判别诙谐时提供了一个确定的衡量手段，同时也对我们分析和理解诙谐制造了障碍。它通过将一种也许可以称之为不连续瞬时性（discontinuous temporality）的特质引入了诙谐的结构中而产生了这种效果。因为，正如弗洛伊德反复强调的那样，为了让笑"突然出现"或"爆发"——这些用来形容诙谐产生的效果的表达恰恰就是一些比喻——有必要使发笑的人不知道因何而笑。构成笑声的前提是不了解笑的对象。在所有的对比形式中，对相似的认知在其中发挥了决定性的作用。与这些对比形式截然不同的是，笑的过程可以说永远无法直接与某个对象或表达联系起来。至少这是弗洛伊德从他所积累的"诙谐例子"并根据它们所使用的"技巧"对它们进行分类后得出的结论。

诙谐可能具有很丰富的内涵，它可能表达了某些有价值的东西。但诙谐的内涵独立于诙谐，它就是思想内涵，它在这里通过某种特殊方式以诙谐的形式表现出来。这不足为奇，

> 就像钟表匠通常会为一件杰出的艺术作品（Werk）提供一个相当贵重的盒子（Gehäuse）一样，诙谐也会有这种情况，最出色的诙谐效果（Witzleistungen）可能会用最具实质性的思想作为其外在包装（Einkleidung）。(《诙谐》，p.92）

通过这种诙谐与钟表匠之间的巧妙比较，弗洛伊德从实践上确认了他已在理论上申明的观点：巧妙的比较本身并不一定必须制造出生动的、爆发性的大笑。或许，除非有人对我们一直在讨论的内容进行另一种比较：例如，对比一下《标准版》中的英文翻译和德语原文，我们会发现该译本颇具代表性地颠倒了弗洛伊德的德语原文（以及我在前面翻译过的内容）中的词语顺序。一切都以生成一个清楚的、有意义的文本为重，为此英文《标准版》简单粗暴地颠倒了弗洛伊德煞费苦心、诚然不同于通常表达但是具有决定性作用的关系。对斯特雷奇而言，意义必定是任何比较的本质和核心，弗洛伊德所做的那些比较也应如此；因此在他的译文中我们看到了这句话"the best achievements in the way of jokes are used as an envelope for thoughts of the greatest substance（对于诙谐方面而言，其最大成就是用来作为最具实质意义的思想的封装外壳）"。斯特雷奇难以接受的正是弗洛伊德在对诙谐的研究中（事实上，也是他在整个精神分析理论中）努力想要表达的观点：这些"最具实质内容的思想"，这些由有意识的意图生成的作品，被无意识用作陪衬、"外壳"或伪装（Einkleidung），来掩饰和隐藏它的运作。

《标准版》的这一错误，清楚显示了弗洛伊德的"最本质的想法"与他最著名的英文版译者的想法之间的鸿沟，凸显了弗洛伊德思想的"本质"的奇特所在：在无意识表达中，想法成了其他更难表达的意图的陪衬、诱饵和陷阱。这既适用于弗洛伊德自身的语言，他的形象化语言（Bildersprache），也适用于它试图描述的对象——在这个例子中，就是诙谐，以及诙谐与它"表达"的想法之间的关系。

假如诙谐的本质确实无法从这些想法——也就是它的内容（Gehalt）——中找到，这和笑声的独特属性——笑声是一种特定形式的无知——有密切关联。然而，正是这种无知使诙谐理论的建立变得尤其困难。因为这样一个理论必须依赖于对真实可靠的诙谐例子的确认，也就是说要识别出来，以便确立一般意义上的与诙谐结构有关的概括性认识。但如果诙谐的独特性与笑声这个瞬间效果密不可分，而笑声的实现恰恰需要排除（因何发笑的）认知才能实现，我们如何能确信我们记住的诙谐是真实可靠的样本呢？我们如何知道这些例子具有真正的代表性？诙谐的不连续瞬时性原则上排除了它无限期的重复；然而，对诙谐的反思性回忆是积累"数据（诙谐例子）"必不可少的条件，而数据是任何理论研究的基础。如果我们所有能保留和重复的只是诙谐的内容（Gehalt），而不是它引发的笑声，留给我们的不就只有诙谐的外壳（Ekleidung）了吗？

尽管存在这种两难的困境，那个一心想要成为诙谐理论家的人别无选择，只能收集这些外壳和伪装，因为没有其他途径能通向他所追求的目标。在《诙谐》一书的最开始，弗洛伊德就借着批评该领域的前辈们的缺陷来表达这种渴望。他声称，他们的研究往往只是确定了诙谐的各个方面的局部特征，却没能将它们组合成一个有机的整体：

> 它们都是只言片语，我们希望看到它们被组合成一个有机的整体。从根本上说，在增加我们关于诙谐的认知方面，它们并没有发挥太大作用，正如一系列的逸闻趣事无助于刻画一个名人一样，我们有权要求提供一部完整的传记。(《诙谐》, p.14)

但确信我们有权要求提供一部"名人"的完整"传记"吗？精神分析有此权利吗？在弗洛伊德的著作中看到的各种"案例分析"能否从弗洛伊德认定的前辈们所缺乏的、"有机整体"的角度（诙谐或者相反地）融入"传记"之中？在当前这样一种明确状况下，这些问题更难给出回答，因为在这里有待"做特征描绘"的不是"名人"，而是一种现象，该现象的本质不仅仅隐藏在由意义构成的伪装后面，而且位于其他地方，在哄堂大笑中，这种笑声的出现非常突然，看起来它拒绝任何将它客观具体化的企图，甚至无法对其进行描述。

带着这些问题去阅读，我们发现，弗洛伊德的《诙谐》一书的第一部分看起来只是一个巨大的、最终却徒劳的努力，它试图确定一个现象的本质特征，而该现象凭其本质巧妙地避开了任何对它做出描述的努力，理由很简单——在与理论的对峙中，诙谐不可避免地笑到最后。或者更确切地说，是因为笑声不会持续存在：它突然爆发、消失，默默地伴着弗洛伊德追踪和捕捉"隐藏着的诙谐的本质特征"（《诙谐》，p.82）的每一次努力而反复出现。因此，在他将收集到的诙谐例子中所运用的各种不同"技巧"分别进行分析后，弗洛伊德仍然只能承认他没有抓住诙谐的本质："毋庸置疑，（诙谐的）技巧本身不足以准确刻画出诙谐的本性。我们需要更深入的东西，但我们迄今为止尚未发现。"（《诙谐》，p.73）

因此，对诙谐本质的探寻还要继续。在描述了诙谐运用的技巧——他将其归结为他在研究梦的运作时已经分析过的两种机制，即移置和凝缩——之后，弗洛伊德开始从诙谐的作用或策略角度对它们展开了更进一步的探究：他将这些作用或策略称作"倾向性（tendentiousness，这个德语词带有咄咄逼人的含义，但在《标准版》中被译成了中性的'目的［purpose］'）"。弗洛伊德划分了四种主要的"倾向性"类型——淫秽的、有敌意的、老于世故的和怀疑的，然后弗洛伊德发现他自己又一次要面对诙谐的特征，面对诙谐的有机统一性问题："如果说，诙谐带给我们的快乐一方面取决于它们的技巧，另一方面取决于它们的倾向，这一说法是正确的，那么是什么样的共同观点才能使这两种如此不同的快乐来源汇合在一起呢？"（《诙谐》，p.116）我们还可以进一步地问，这种"汇合"，这种"联合（Vereinigung）"只是机智巧妙的，还是建立在真正的理解之上？它是一种成熟的理论，还是只是一个有趣的玩笑（诙谐）？是一个有关诙谐的理论，还是对理论开的一个玩笑？

在《诙谐》一书的"综合部分"的开头，弗洛伊德最初试图揭示诙谐那本质而隐蔽的特征的努力最终导致他断言，是"经济性原则"将诙谐的各个不同表现方面统一起来，并赋予了它本质特征。所有的诙谐技巧都受到某个想要压缩或者说是节约的倾向的主导。所有这些看起来都是一个经济性问题。用哈姆雷特的话来说就是："节俭，节俭，霍雷肖（Horatio，哈姆雷特之友）！"（《诙谐》，p.42）根据这一论点，诙谐"节省"的是"不得不发表评论或做出判断"这一工作（《诙谐》，p.43）。如果这一理论假设站得住脚，那么诙谐也可以将不同类型的例子汇聚到某个单一的倾向或特征之下，从而"拯救"那个试图去理解诙谐的多样表现形式——也就是它的"例子"——的理论。

但这个猜测一经提出，《诙谐》一书的作者——或者我们应该说，是叙述者——就被质疑声淹没，看上去像他在此处借用的那个莎士比亚剧中的人物一样。"它怎么看起来都像是个经济性问题"，他断言，但这种表面现象值得信任吗？

> 或许每一种诙谐技巧在表达中都显示出一种倾向，想要省去某些东西，但……并不是每一个经济节省的表达……因为这个缘故而成为诙谐。因此，一定存在某种特殊的简化和经济性，能否成为一个诙谐的特征取决于此。此外，让我们鼓足勇气承认，诙谐技巧做出的经济性措施并没有给我们留

下深刻的印象……诙谐通过这些技巧节省了什么？难道言语表达上的经济性没有被智力消耗所平衡抵消吗？在这一过程中，谁节省了？谁受益了？（《诙谐》，p.44）

因此"经济性"这个理由无法令人满意，因为它没有说明"节省"的主体和对象。我们需要一个更综合复杂的解释，即弗洛伊德在《诙谐》一书的"综合部分"中试图深入发展的理论。虽然诙谐制造出一种"节省"，但它无法从纯粹数量的角度来解释。弗洛伊德认为，它提供的快乐包括两个要素：首先，在于暂时解除（Aufhebung）现有抑制（Hemmungen），从而减少了维持抑制所需的能量消耗；其次，在于将正常情况下应该是一大串复杂的思想表达进行语言上的简化。按弗洛伊德的描述，这两种形式的节省分别构成了诙谐的外壳（Hülle）和内核（Kern）："因此，可以说，诙谐的快乐展示了一个由游戏中的原初快乐构成的内核，以及一个由于抑制的解除而产生的快乐构成的外壳。"（《诙谐》，p.138）尽管诙谐之快乐的这两个方面对诙谐的运作同样不可或缺，但它们的结构或心理状态并不相同。玩笑嬉闹（Spiellust）中的快乐是"原初的"、古老的，弗洛伊德因此试图通过详细阐述他所称的"心理起源"来追溯诙谐的发展历程。这使他开始讨论游戏在儿童身上最早的表现形式的本质，这个讨论触及了我们此前已经遇到过的同一些问题。事实上，从弗洛伊德对待格罗斯（Gross）的理论的方式上，我们就可以看出他后来会对阿德勒提出什么样的批判。格罗斯试图将游戏看作源于一种想要支配的冲动。弗洛伊德摒弃了这种解释，同时却接受了格罗斯关于游戏是对熟悉事物的一种再发现、再认识的描述。他宣称，游戏是快乐的，不是因为它包含一种"在征服困难的过程中体会到权力的喜悦"，而只是因为"认知本身就是充满快乐的——也就是说，它减少了心理的能量消耗"（《诙谐》，pp.121-122）。

弗洛伊德努力将诙谐回溯至一种旨在减少心理能量消耗的原初倾向上，试图对诙谐做出一个起源性的解释。但他的这种努力只不过把诙谐从经济性问题转移到了另一个不同的、显然更基本的领域中，那就是儿童游戏，将它理解为是通过类比化手段努力避免更繁重的辨识活动。诙谐从游戏发展而来，因为在孩子看来，游戏刚开始是很巧妙有趣的。但是，这种玩闹嬉戏中的童趣，成年人由于理性主张（归根结底由于现实性原则）的阻拦——在这里，弗洛伊德试图以同样的理由去解释那些与所有无意识表现形式（包括诙谐）相关的冲突性特征——而无法去体验。成长到某个阶段，人就不能再随便沉溺于对同一性的认知带来的快乐之中，此时"他不再能冒昧地说任何荒诞的话语"（《诙谐》，p.126），"毫无意义的词语组合或思想的荒谬堆砌，也必须有一个意义"（《诙谐》，p.129）。正是这种发展，使玩闹嬉戏的乐趣不再能够直接体验，从而导致了诙谐现象的出现。于是弗洛伊德宣称，诙谐起源于嬉闹（Spiel）和意义（Sinn）之间的冲突。虽然由此说游戏是诙谐的"起源"，那也是因为意义和批判性思维要求否定或抑制游戏，于是诙谐被迫出现了。诙谐的最初表现形式是"jest（俏皮话）（Scherz）"。尽管jest（俏皮话）代表一种低级的、原始的诙谐（joke）（这种区别在某种程度上被英语翻译"joke"抹消，因为它与德语中的Scherz［俏皮话］一词意思重合），弗洛伊德强调，这样的评价并不影响它作为一种诙谐的结构性地位，因为俏皮话已经包含、满足了诙谐应具备的根本条件。区分俏皮话与诙谐、造成它们之间所谓的质的不同的东西恰恰就是诙谐的一个无关紧要的方面，也就是它表达的特定意义。因为尽管诙谐的意义是重要的，而俏皮话的意义通常微不足道，但这在任何方面都不会影响俏皮话作为诙谐的地位，因为意义的运作方式很有趣，它的作用只在于分散、阻止批判理性力量的抑制作用。总的来说，对诙谐而言，意义没有内生性的价值；它只是工具性的，用来暂时消除通往嬉闹之乐趣的障碍。对意义做出这样的认定，其产生的后果总有那么一点矛盾成分：即使"俏皮话"与"诙谐"的关系就像"坏"与"好"那样对立，弗洛伊德还是不得不下结论说，作为诙谐，"'坏'的诙谐绝不是不合格的诙谐，即不适合制造快乐（的诙谐）"（《诙谐》，p.121）。

但在弗洛伊德对诙谐的意义的描述中，还有一个矛盾之处：弗洛伊德把诙谐的意义确定为是外在的表象，充当诙谐的工具性外壳，与游戏产生的原初快乐内核相对，试图通过这样的设定，将诙谐构建为一个真正意义上的，也就是说，一个意义丰富的理论对象。他的理论认为，诙谐的本质就在于意义服务于游戏这样一种意义存在方式。弗洛伊德提出的诙谐的"精神起源"说，就是为了阐述这一概念而采取的理论策略，它试图将诙谐起源追溯至一种纯粹的、简单的游戏。然而，要让"精神起源"说切实有效，弗洛伊德置于诙谐起源之地位的游戏，以及它产生的快乐，必须是真正纯粹、简单的。这也是他批评格罗斯将游戏归结于权力支配欲望的观点的原因，"认知本身就是令人愉悦的，我看不出有什么理由要放弃这个更为简单的观点"，弗洛伊德声称。不用说，这个批评会让人联想到弗洛伊德的另一做法——拒绝承认任何原初意志力的概念都必然会包含的结构性主体。但是，在强调游戏以及它提供的快乐的简单性，宣称"认知本身就是令人愉悦的"因为它可以减少"心理的能量消耗"时，弗洛伊德也假设预先存在着一个原始的、结构性的主体，可以从它的完整性角度对这种"消耗"进行计量。

如果有人提出疑问，就像弗洛伊德自己发出疑问那样，谁从游戏的经济性中受益，如何受益，其得到的回应一定是：自我。只是需要强调一下，弗洛伊德写作《诙谐》一书多年后才确立这一理论术语。作为同一性的再现，重复、再发现和认知等过程的确可以让人感到快乐，但这并不是因为某种内在属性（以这种内在属性作为解释是在同义反复，也不符合弗洛伊德的精神分析概念），而是因为一个他后来称之为自恋性认同的过程。通过这一认同过程，力比多贯注于自我之中，自我成为力比多本能的一个贯注对象。通过占据他者的位置、取代它自己内部的那个他者，并试图剥夺这个他者身上的异质性，自我就这样坦然地上位了。这一过程能够展示出来的最强有力的表现形式之一，恰恰就是重新找到同一性的渴望，想要重复、认知这种同一性，从而将一个体现差异的行为变成一个认同合一的行为。

1905年，在撰写《诙谐》一书的同时，弗洛伊德还在努力建立他的自恋理论和第二个精神分析拓扑结构。而到1920年，这两者都已完成，并在精神分析理论主体中占据了各自应有的位置。因此，当弗洛伊德在《超越快乐原则》一书中，最后一次谈到儿童游戏问题时，他的讨论似乎并没有受到自早期研究诙谐以来取得的理论成果的影响，这一点格外引人注目。尽管如此，无论这些理论对他的影响多么含蓄，仍然非常深刻，而且改变了弗洛伊德研究儿童游戏现象的整个理论框架。情况确实如此，这种变化深刻地体现在某个很容易被我们忽略的地方：在正文的页边注释中，可以说，在那个从一开始就吸引了所有目光的场景的边缘处。让我们再次回忆一下那个著名的场景，将注意力放在它不那么出名的布景中，可以说，它很不起眼地位于舞台的两侧翼。但首先，让我们来看一下这个舞台中心：

> 这个小男孩有一个木头线轴，上面缠着线头。他从未做过某些动作，例如，将线轴放在身后的地板上，把它当作马车来拖曳。他所做的就是抓住线的一头，然后相当熟练地将线轴扔过他那围着布帘的小床床沿，这样，线轴就消失在里面了，同时他发出富有情绪的"哦哦"声。然后他拽着线把线轴从小床里拉出来，当线轴出现时，嘴里发出"嗒（da，意为'那儿'）"的欢呼声。因此，这就是完整的游戏过程——消失和再现。(《超越快乐原则》，p.9)

在他对这个"儿童游戏"场景的讨论中，弗洛伊德收集了各种各样关于隐藏在游戏背后动机的可能解释。然而，将它们与《诙谐》一书中的分析做比较后，令人惊讶地发现，它们完全没有涉及任何经济性原则和能量的节省。相反，我们发现，一度被压制的理论又回来了。弗洛伊德重新提起了在对格罗斯的批判中急于摒弃的权力概念：

> 一开始（那个男孩）处在消极被动状态——不愉快的体验让他觉得难以忍受；但是，尽管该体验令人不快，通过把它当作游戏来重复，他掌握了主动权。这些尝试可能源于控制的本能。（《超越快乐原则》，p.10）

弗洛伊德继续分析说，更深的动机可能是这个男孩想要"报复他母亲，因为母亲从他身边走开了"（《超越快乐原则》，p.10）。在弗洛伊德对儿童游戏背后的动机的猜测中，主动控制、报复、竞争和"让自己掌控局势"的欲望占据了主导地位，即使事实表明这种重复体验本身不再是快乐之源时，仍是如此，甚至更加明显。不过，这种游戏玩耍与快乐原则并不矛盾——当然这是弗洛伊德在《超越快乐原则》中对这种现象的思考方式——那是"因为重复可以自带地产生另一种依然很直接的快乐"（《超越快乐原则》，p.10）。

这另一种快乐是什么，弗洛伊德没有明确告诉我们，至少在他文章的正文中没有。但正是这个没有答案的问题，提醒我们注意正文的边缘——更准确地说，是脚注——清楚描绘了那个附带性的场景。在这里，消失—再现（Fort-Da）游戏再一次上演。然而这一次，即将消失的人既不是他母亲、父亲，也不是其他亲属，而是小孩子自己：

> 一天，小孩子的母亲出门几个小时，回来时听到了"宝贝……哦哦"的声音。刚开始她没有理解这些词的意思，然而，她很快发现，在她离开的这段长时间的孤独中，小孩子发现了一种使自己消失的办法。在那面长长的更衣镜中，他发现了自己的镜像，但镜子并非完全挨着地面，因此他若趴在地上，就可以使镜中的自己"消失"。（《超越快乐原则》，p.9）

如果就像弗洛伊德表明的那样，在构成消失—再现游戏的两段时刻中，营造出消失的举动可以产生更令人愉悦的紧张感；如果该举动与权力控制、掌握的建立相关，那么，正是这个脚注中描述的场景，作为那个"初始"游戏的一个重复，明白无误地暗示了这个权力游戏的"主体"，它肯定就是那个自恋的自我（ego），处于强化统一的过程之中，拉康告诉我们，这个过程就是"镜像阶段"。在拉康看来，这种与"镜像"进行认同的尝试，从起源和结构上看，都是那个非常自恋的自我的构建过程的最初形态，这个自我就像西西弗斯（Sisyphean）总是徒劳而永无休止地将巨石推向山顶那样，不断地去占据他者位置，只能通过这样的行动才能建立它的本体，因为那个他者——作为自我的镜中映像——似乎拥有主体本身缺乏的完整性（unity）。反过来，这样一个令人质疑的行动计划也决定了自我采取的自恋的认同行为具有天生的矛盾性，因为它不断地陷入一种与他者的竞争关系中，它假定他者具有统一完整性的同时又（通过努力将他者据为己有）予以否定。⑧

　　拉康的镜像阶段理论强调了自恋的自我充满矛盾的本体特征，该理论可以看作一个直接针对这脚注描述的场景的评论。然而，在拉康对《超越快乐原则》的论述中，这个脚注并没有占据重要地位，其中的理由，对弗洛伊德抑或拉康来说同样都很清楚。对拉康而言，《超越快乐原则》首先是描述主体进入象征域，也就是由能指构建而成的语言王国的文本。就其本身而言，它着力描写的行为恰恰是一个逃离幻象（the Imaginary）的矛盾属性的行动，与镜像阶段以及出现于该阶段的自恋的自我密切相关。相反，弗洛伊德的脚注表明，该象征域另有一个他者场景（other scene），一个用消失—再现游戏表示的他者场景，它就是那个幻象，充满了总想侵占他者而又极度自恋的矛盾心态。这两者之间的关系远非二选一，或是简单的对立——这种对立本身就是一种高度"虚构的"关系——象征的和想象的，语言和镜像，能指和所指，被记录在一个场景中，这个场景又重复出现在页边某

---

⑧　拉康，《论镜像阶段》（Le stade du miroir），《拉康文集》（Ecrits）（巴黎，1966年）。

个毫不起眼的地方，一个动作，或是剧情概要，不可避免地带有某种自恋的特质。这一论述不仅适用于所描述的场景，也适用于对该场景进行重新诠释的理论背景。因为无论是该理论描述还是它描述的游戏都参与到了一个相似的游戏之中，那是一种儿童游戏，但绝非仅限儿童参与。因为两者都试图对这种难以理解的现象或他们做出的举动进行命名。对弗洛伊德而言，这些名字就是快乐原则、控制、重复，以及最终的，死亡本能。对弗洛伊德的侄子——即那个正在玩消失—再现游戏的儿童来说，这些名字就是消失和再现。但拉康的象征理论并不能解释游戏的这一表现形态，因此只能予以忽略：因为就算这一游戏标志着语言的象征域的一个"入口"，然而正如拉康所宣称的那样，从语言的微分元素（differential elements）的意义上看，象征域的主要特征并非由纯粹的能指构成。"Fort"和"Da"主要不是能指，而是词汇，是由语义决定的、用来标识确定的"所指"的符号。这些词汇指出的所指状态包含了离去和回来这样的重要行为，弗洛伊德对那个儿童游戏的描述让我们意识到，表达他者缺席的主体——母亲，但也包括它自己——是一个试图留下（它自己）的主体，不顾他者的存在。简而言之，会有这些对想象中的他者充满自恋的矛盾表达（总想攻击侵占又想成为那个他者），恰恰是因为想要在这个具有象征意义的话语主体中确立它的自我身份认同并成为这个话语主体，（对于这个话语主体，拉康应该称之为）一个辩证主体（sujet de l'énonciation），作为优秀之典型的辩证主体。

对拉康的分类通篇阅读之后我们发现，弗洛伊德就这样扰乱了拉康建立的以象征域为首要地位的由学界权威认可的等级制度，而这种首要地位已不再可靠。象征域变成了幻象的又一个诱惑地带，在理论话语特有的概念化王国，尤其具有强大的诱惑力。但拉康也破坏并取代了弗洛伊德的明确主张，他指出一个隐含的例子，支持"游戏的快乐"，那就是，自恋的自我。

再回到弗洛伊德的《诙谐》一书，至此我们可以得出结论，虽然弗洛伊德论述说这种语言游戏是天生令人愉悦的、原初的、单纯的，事实上它只为了愉悦自恋的自我，因此既不是最初的，也不是单纯的。各种不同形式的重复，例如，儿童语言以及某些诙谐机巧（也包括诗歌）所特有的韵律模式或押韵的使用，之所以能够产生某种快乐，不仅仅是因为识别同一性要比区别差异性"更容易"，更主要是因为这种重复恰恰服务于自恋的自我的兴趣关注，也就是致力于将他异性简化归结为同一性的某种变化。弗洛伊德试图将游戏和意义的关系解释成对立的，它们是本质上互不相关的两个称谓，但从这个角度来看，他的努力丧失了很多说服力。因为游戏和意义现在不是作为相对立的活动出现，而是互为补充，都是因为自恋的自我努力想要占据他者之位置而产生，自我的存在依赖于这个他者，在这个他者的意象中自我建立了自己的身份本体。如果游戏的乐趣因此被批判理性所取代和"抑制"，它只会更好地服务于游戏和意义的远大目标：促进对同一性的认知，充满自恋意味的认知。

从这一观点上看，弗洛伊德在《超越快乐原则》对游戏的讨论解释清楚了他在早期对该主题的研究中遗漏的一个方面，这个遗漏尤为严重，因为它涉及诙谐的一个主要内容。在他起初将游戏认定为诙谐的起源时，弗洛伊德无法解释诙谐作为一种语言现象具有的最重要方面之一，即他者相对于语言的位置。在他对消失—再现游戏的描述中，这个位置被标示了出来，尽管严格来说弗洛伊德从未明确提及。它被标示在弗洛伊德给短语"Fort! Da!"加的标点符号中——这两个具有显著特征的惊叹号显示该话语是一个人直接对另一个人说的话，它把话语变成了一种祈使语气（离开/消失！），而不只是一种陈述语气。事实上，作为一种权力游戏，这个游戏的本质在于语言从表述性变成一种行动性的、以言成事的、"符号式的"表达，力图产生结果，因此它包含了确定的语言对象。通过如此说话、喊叫、指挥，这个小孩试图打破弗洛伊德所指的"孤独"。在弗洛伊德的消失—再现游戏中，居高临下的主体将它自己置于和另一客体相对的关系中：该客体不仅仅指不在场的母亲，还指向一个被命令本身特意传召过来的他者。事实上，如果这个他者注定要取代不在场的母亲、充当这个小孩的报复对象，那我们把象征域看作幻象的一个诱惑地带，看作自恋的矛盾性策略杂乱无章的延续，就有了另一个理由。

可以确定的是，弗洛伊德在努力将诙谐追溯到一个既纯洁、又天真的起源——游戏的快乐，儿童游戏中的快乐——时，完全没有理睬上面的内容。因为弗洛伊德需要这种游戏提供的不只是诙谐的理论根基和中心，还要为试图解释并掌握诙谐的理论提供理论基础和核心。我们还记得，这个理论试图实现其他人——弗洛伊德的前辈们——不曾做到的事：将诙谐的"理论碎片"成功地组织成一个有机整体。但是，将诙谐的心理起源归结为游戏，这样的论述仍缺乏那个或许是诙谐最主要的特征——笑声。而这并不是——我们再重复一遍——一笑了之的事情。

长绒卷毛狗

弗洛伊德提出的关于诙谐的心理起源概念，试图将诙谐归结为源于儿童游戏，这一努力并没有得出最终定论，因为将诙谐看作"经过发展演变的游戏"的结论无法解释每一个要想成为诙谐的表达必须制造的效果，那就是笑声。毫无疑问，弗洛伊德着实做了很多努力，试图为笑声做出一个"经济性的"描述，将笑声与游戏联系起来，或者更确切地说，是通过理性批判将笑声与游戏的抑止联系起来。他宣称，当通常用于维持批判性抑制的能量被某个诙谐从这一任务瞬间解救出来，从而被导入形成笑声的通道时，笑声就产生了。但这个解释预先要求弗洛伊德的"经济性"原则蕴含的经济性模型中存在着某个转换：因为笑声并非来自节省的能量，而是来自某个存在竞争冲突的力场中能量的重新分配。在弗洛伊德的术语体系中，"节省（Ersparung）"一词被更加动态的、更具竞争冲突性的"解救（Erleichterung）"所取代。现在，问题不再是谁节省了什么，而是变成了谁被从什么中解救出来？如何解救？于是诙谐不再是某个单纯的、原初的、天真幼稚的游戏的发展结果，而是某个紧张对立状态导致的结果。

从这个意义而言，弗洛伊德把诙谐解释成能量节省的理论尝试被这个令人好奇的事后效应（after-effect）暂时中断，尽管严格来说它与诙谐毫不相关，但是它对诙谐的功能是不可或缺的，因此也就是对于诙谐的本质核心，即笑声，是不可或缺的。关于笑声，弗洛伊德始终坚持两点：首先，它是一种偏向于剧烈发生的、无法控制的、突发的运动，很难掌握甚至很难理解；其次，可以笑的只能是倾听者，即诙谐的受众，而不是它的讲述者。因此讲述者能否成功地进行诙谐的表达，不仅取决于笑声，而且必须是某个他人的笑声。

对倾听者——弗洛伊德称之为"第三人"——的笑声的这种依赖，给诙谐那个本已超级复杂的"面容特征"增添了一道新的褶皱。因为到目前为止，弗洛伊德已经对传统上的语言和意义、外部和内部的关系做出了奇怪的颠倒，他把意义降级为诙谐的"外壳"，而将它的语言"表达形式"放在诙谐的中心位置（内核）。他现在要继续推进的，就是劈开那个中心，或者将它置换，从而进一步扰乱诙谐：迷恋于游戏不足以定义诙谐（这将完全无法对笑声做出解释）；相反，必须予以解释的，是对抑制重新疏导，转化为笑声。抑制不再只是挡在游戏路上的一个消极否定的障碍：它变成了一个形成笑声必需的积极的前提条件。

这种将诙谐去中心化的做法令人想起弗洛伊德对梦的处理手法，但后者只是出现在梦醒之后，在梦的（重新）叙述或再现中，也就是它的（进一步）歪曲（Entstellung）过程。诙谐也是要做出调整（ent-stellt）：在笑声中，同时又作为笑声被干扰和歪曲，而这笑声是它必须激发但又必须远离的。然而，与梦截然不同的是，事后构成诙谐的这种干扰行为，就其本身而言，无论如何不能将它构想为处于或限定在一个封闭的、"心理内部"的空间内；相反地，弗洛伊德认为，和梦相比，"诙谐是所有旨在收获快乐的心理功能中最具社会性的。它通常需要召集三个人，而且它的完成需要其他人参与到由它发端的这个心理过程中"（《诙谐》，p.179）。诙谐相对于笑声的关系带给弗洛伊德的问题和诙谐中的这个他者，（就是所谓的）第三人在诙谐中的特殊作用有关："那么，为什么我没有为自己的诙谐而发笑呢？这个他者在诙谐中发挥了什么作用呢？"（《诙谐》，p.144）

"第一人"，即诙谐讲述者，不会因为"自己的"诙谐而发笑，这一事实表明，抑制的解除在倾听者和讲述者身上一定产生了不同的效果。对前者而言，（用于维持抑制的）能量被诙谐释放出来以后并不会被更进一步的智力活动绑定于其他的精神表象上，因此可以被疏导，形成笑声。①然而，对诙谐讲述者而言，用于抑制的能量贯注不是简单地被消解；它们被转移到讲述诙谐本身的动作中。该动作吸收了能量，并将它"绑定"，从而避免使它转化为笑声，除非像弗洛伊德所说的，"（像打水漂一样）被漂掠反弹出去（par ricochet）"（《诙谐》，p.156）。因此，只有借助于倾听者

---

① 也许这就是为什么笑和焦虑如此密切相关的原因：在两者当中，未绑定能量形态发生改变，也就是说，部分地被绑定在突发而不可控的、非自愿的身体动作上，并因此而部分地被自我吸收融合。

由于受到触动而发出的笑声，诙谐讲述者才能"如释重负"："似乎只有在参与其中的第三人的调停之下，能量得以释放，大家都感到放松，它（诙谐过程）才会停止。"（《诙谐》，p.158）

随着这个"他者"，即先倾听而后发出笑声的"第三人"的介入，弗洛伊德对诙谐的理论化工作变得更加复杂，但在他最初设定的研究目标——提高诙谐各部分之间的整体关联性——方面却一无所获。我们没有看到一个有组织的和谐"整体"，相反，我们看到了一幕有三个主角的场景：一个尽管亲切友好但紧张不安的"第一人"，其特点是带有表现狂（暴露癖）的倾向（《诙谐》，p.143）；一个有偷窥倾向的第三人，被许诺的可以获得快感这一"礼物"所"贿赂"（《诙谐》，p.148）；还有一个"第二人"，与其说他是个人，还不如说是一个令人难以接受的想法。然而，虽然这一场景似乎缺乏统一性，而这正是之前弗洛伊德宣称要建立一个合乎逻辑、整体连贯的诙谐理论的目标，不过当弗洛伊德开始讲述另一种不同的故事时，这些主要人物之间就有了交集。但这一次，很显然，弗洛伊德又只是在文章正文或内容概要的边缘空白处顺便提及了这个故事，没有多费笔墨。

他在讨论诙谐的"倾向性"的上下文中谈到了这个故事，关于诙谐的倾向性，他分成"敌意的"和"淫秽的"两种主要类型。在前面对诙谐的研究中，弗洛伊德注意到，对淫秽类倾向的诙谐的关注度远不及敌意类的诙谐，也许是出于某种禁忌。在淫秽类诙谐的众多不同形式中，弗洛伊德将注意力转向一种"临界/擦边情况（einen Grenzfall）"，它处于淫秽类型的边缘，也许正是因为这样，这种诙谐"能够让我们弄清楚不止一个模糊隐晦之处"（《诙谐》，p.97）。这种处于边缘的诙谐情况就是"猥亵言语"或低俗笑话（die Zote）。

通过回顾传统意义上的低俗笑话概念，弗洛伊德开始了他对这种笑话的讨论，根据传统概念，低俗笑话必定需要"通过言语有意识地突出显示性事实和性关系"。但是这个定义还不够充分，理由很简单，仅仅从内容或叙述对象的角度很难对低俗笑话做出令人满意的描述：必须把它理解为一种不仅与某一特定倾听者有关，而且是专门针对某一特定倾听者的话语。低俗笑话能否成功，关键在于该倾听者：

> 因此低俗笑话最初是针对女性的，可能类似于勾引对方的尝试。虽然在一群男人之间也会有人喜欢讲述或倾听低俗笑话，那是因为由于社会禁忌而无法实现的某个原始情境可以在这一刻得以想象。一个人因为听到低俗笑话而大笑，仿佛他是某个性挑逗行为的观众一样。（《诙谐》，p.97）

低俗笑话的主题研究对象使它被归之于"淫秽诙谐"之列，同时它也使该类笑话被列于"敌意性诙谐"种类，因此模糊了这两种分类的界限。因此，我们不能寄希望于通过某个静态的分类体系来掌握低俗笑话的本质，而是要回顾一下它的发展演变过程，也就是接下来弗洛伊德要讲述的故事。就像前面已经表明的那样，这一笑话的出发点，就是某个令人沮丧的勾引尝试，但在这一场景中我们已经发现那个将会构成诙谐结构的典型特征的三人组合：

> 如果同时还有另一个男人，即第三人在场，女方表现出抗拒，这就构成了一个非常理想的例子。因为在这种情况下，这个女性根本不可能立刻屈服。这个第三人马上就成了影响低俗笑话如何往下发展的最重要因素。(《诙谐》, p.99）

弗洛伊德继续写道，这个"第三人"对低俗笑话的意义，在于"他"逐渐取代了"那个女性（das Weib）"成为诙谐的主要倾听者："渐渐地，这个旁观者——现在已经成了倾听者——取代了这个女性的位置，变成了低俗笑话的讲述对象，而且由于这种身份转换，它已经接近呈现出诙谐本身（des Witzes）的特征"。(《诙谐》, p.99）只有某个第三人的同时在场和干涉，这个低俗笑话才能真正成为一个诙谐。由于第三人的在场，主体对客体、勾引者对被勾引者的关系中隐含的二元结构必然会被破坏掉，这就赋予了诙谐特有的逻辑，也是所有无意识表达遵循的逻辑，与构成传统逻辑的排中律（tertium non datur,［非此即彼，不存在第三种情况］原则）规则相违背。因为不管诙谐涉及哪些内容，不管无意识在哪些方面发挥作用，一定会存在着某个第三人，被另外两者排斥又包容，并共同对结果产生影响。如果无意识有自己的逻辑，无论是一般的诙谐还是特殊的低俗笑话，都指向它的基本规则：存在第三种可能（tertium datur）。[2]

正是这一规则——用任何传统逻辑标准衡量，它怎么看都像是个拙劣的笑话，但作为一个笑话，也不至于因为它的拙劣而更糟糕——让诙谐成了一件可笑的事。因为只有随着第三人的出现，笑声得以爆发的空间才能打开。弗洛伊德给我们讲述了这个发生过程。一开始，第三人作为干扰者出现，强行横在充满欲望的第一人以及作为其欲望对象的第二人之间。这另一个人的出现足以抑制欲望的实施。这个第三人，即另一个男人，体现了"男女授受不亲"的道德准则和对男女间亲密行为的禁令。但然后，"渐渐地"，第一人和第三人之间的关系发生了某种变化：他们的竞争或冲突被一种共谋关系所取代，在这种共谋关系中，双方之间的进攻性倾向被移置"女性"身上，她还是那样令人难以接近。未遂的勾引也类似地从可望而不可即的女人移置到另一个男人身上："通过第一人的淫言秽语，该女性被暴露在第三人面前。而第三人，作为倾听者，也收受了好处，他自己的力比多毫不费力地得到了满足。"（《诙谐》，p.100）低俗笑话为它的参与者提供的"满足感"，尤其是为第三人提供的"满足感"，显然与对那个渴望勾引到手却无法接近的女性做出性侵犯想象有关。如果，像弗洛伊德所评论的那样，性活动起初与视觉密切相关（围观看热闹、

---

② 见塞缪尔·韦伯的《排中律》（tertium datur），载于《驱逐圣灵》（Austreibung des Geistes），Fr. 基特勒（Fr. Kittler）主编，UTB 1054，帕德博恩，1980年，第204—221页。

偷窥，以及它的相反形态，渴望暴露），那么低俗笑话再次展现了这种窥阴癖的特质，通过用语言想象，使心不在焉的欲望对象暴露在大家面前，把先前由于该女性的不可接近而受挫未能释放的能量突然失去控制般地发泄出来，这就是笑声。出于这一考虑，弗洛伊德将低俗笑话包括在更笼统的某个心理行为分类中，称这类行为致力于"解除禁欲行为，重新找回失去的乐趣"（《诙谐》，p.101）。

但是这个解释既不能说明第三人在场的必要性，也不能对笑的现象做出解释。欲望对象的"缺失"本身也不足以让那些通常会阻碍低俗笑话表达的抑制（inhibitions）现身并有效发挥作用。事实上，在弗洛伊德对低俗笑话的讨论接近尾声时，结论已经很明显，低俗笑话的运作不仅仅涉及让已经"失去"的对象实现或显现出来。弗洛伊德一直在描述低俗笑话最喜欢用的手法之一，即"影射——也就是用某个小东西，几乎毫无联系的东西进行替代，倾听者通过想象将它重新构建成一个完整而直接的淫秽形象"（《诙谐》，p.100）。"某个小东西（Das Kleine）"，在《梦的解析》中这个短语被用来表示（女性）生殖器；在后来的文章中又被解释为阴茎和小孩的象征。③在这里，低俗笑话使用的"用小东西替代"的手法不仅表明了诙谐使用非直接表述方式来逃避审查和批评的普遍倾向，更重要的是，它体现了一种与弗洛伊德对低俗笑

---

③ 弗洛伊德，《以肛欲期为例论本能的转变》（*On Transformations of Drives as Exemplified in Anal Eroticism*），《标准版》第十七卷，第128—129页。

话相当现实的描述所暗示的性概念截然不同的性表现形态。按照这样的解读，这些玩笑的"性"表征主要并不在于努力通过想象中的意象来弥补性对象的缺失，而是更多地体现在一定的替代技巧的使用上。因此，相对于想象的美梦成真或性对象复原，此类诙谐产生的快感与那些替代游戏关系更为密切。

这样看来，如果把性意识看作某种替代，而不是呈现或弥补，这一认知对于理解低俗笑话赋予排泄物的重要性，无论在什么情形下看起来都是很有必要的。

> 构成猥亵内容的与性有关的材料不仅包括两性各自特有的部分，也包括两性共有的并且都感到羞耻的东西，即最广义上所指的排泄物。然而，这含义属于儿童阶段的性意识涵盖范畴。在这个年龄段，从某种程度上说，就是一个泄殖腔，哪些属于性，哪些属于排泄，几乎或根本就没有区别。(《诙谐》，pp.97-98）

事实上，随着排泄行为在性方面的意义的进一步发展，儿童会逐渐意识到这种区别。伴随这种区分同时还出现了"儿童成长以来遇到的第一个禁忌发展史"，而且事实证明该禁忌发展阶段对"他/她的整个成长过程具有决定性的影响"（S. E. 7, 187）。一方面，在确立自我和他者、内心和外在、自身和外人、恰当和不宜等相对关系时，这个禁忌会赋予其中的前者以更加积极而肯定的地位，把后者划到消极而否定的一侧，从而强化了两者之间的区别："从此，'肛门'成了所有被生命抛弃，与生命隔绝的东西的符号象征。"（S. E. 7, 187）在这样做的过程中，该禁忌强化了自我的自恋特质。另一方面，与此同时，同样的禁忌又推动该自我向前发展，进入某个最适合称之为自恋危机的状态，这种危机最终导致了"阉割情结"。因为该禁忌将欲望和欲望对象、身体和身体排泄物、自我和他者分离开来。在成年人身上，正是这个"第一"禁忌的矛盾本性塑造出了所谓的"肛门性格"，它的本质特点带有夸张的整洁有序、节俭、极端固执等倾向。

与这些"性格"的"特征"非常相似的东西似乎也反映了弗洛伊德试图深入发掘诙谐中隐藏的"特点"的理论努力。首先，他努力积累并整理了大量令人迷惑的"例子"，这一步最主要是通过将它们归入"节省"或经济性（Ersparung）的总体概念之下来实现。然后，他试图从两个基本方向发展完善这个经济性概念：其一，把它解释为某个最初的、"纯粹的"游戏（玩弄排泄物当然是肛欲的最早表现形式之一，也是"第一禁忌"的第一个针对目标）中的快感的发展结果；其二，解释为一种"解除（Aufhebung）"，解除阻碍此类游戏的抑制作用——该抑制以笑的形式发泄出来（abgeführt），从而产生"轻松感（Erleichterung）"。而且，诙谐的乐趣被作为礼物呈献给了第三人，因此，变成了小孩提供的第一个礼物——他的粪便——的继任者。

但是，也许所有这些不过是机智失去了约束，没有意识到应该做出必要的区别，因而做出过于巧妙的类比而已。也许是这样。

但是任何人，若对弗洛伊德用来描述诙谐本身的"制造"行为所用的语言足够敏感的话，就会发现很难拒绝做出这种描述：

> 的确，我们说，"制造（making）"一个笑话，但是我们感到，在这样做时，我们的行为举止和我们做出判断或提出异议时有所不同。诙谐表现出一种非常突出的特征，即它是一个不由自主的"发现"。事先一刻，你不知道自己会开什么玩笑，也不知道该用什么语言来表达。更确切地说，我们感觉到一种说不清道不明的东西，我可以将它比作一种"缺席"，智力紧张状态的"一种突然释放（Auslassen）"，然后，一下子，诙谐就出现了，一如既往地，披着它的言语外衣。(《诙谐》，p.167）

怪不得弗洛伊德如此执着于区分诙谐的外包装和核心，外壳和内核；也难怪在建立这些区别的过程中，它们总想将自己里外反转：言语把戏的外衣表示自己才是诙谐的内核，而通常构成内部领域的语义材料在这里只是个外观假象。在对这种貌似清晰的对立关系的胡乱涂抹中，那个被禁止的游戏又回来了，这种涂抹行为本身就是那个游戏。这就是诙谐"隐藏不为人知的特征"吗？或者是诙谐理论"隐秘特征"？是诙谐正确含义的特征？

然而，也许弗洛伊德的理论，就像它描述的诙谐一样，并没有纯粹而且完全"正确的"意义。也许，它也只能通过另一人，即第三人，在他身上才能"产生意义"，而这个第三人既非简单地就是该理论的一部分，也不是简单地与之不同：这个人就是读者，他在弗洛伊德理论中的作用与诙谐中的倾听者所扮演的角色并无很大区别。我们还记得，那个"第一禁忌"也需要一个第三人来帮它实施。这一禁忌，以及禁忌所需的这个第三范例的发展过程，也就是自我为了成为一个"第一人"而做出的充满自恋的努力的历史。因此自我的发展历史并非如通常理解的那样，是自身（Self）和他者（Other）的辩证对立互相影响的过程，而是一个需要三个参与者，三个"人"的解释分析（Auseinandersetzung）过程。让我们简要概述一下这个解释分析的发展历史。它首先提出了一个难以证明而又不言自明的假设作为开始：

> 在那个小男孩看来，所有他认识的人都像他一样拥有男性生殖器，这种假设是不言而喻的，因此很难将男性生殖器官的缺乏和他对这些人的认知协调一致起来。（S. E. 7, 195）

自身（Self）和他者（Other）是连续一致的，这种自恋的信念支撑着那个小男孩心中不言而喻的假设，但肛欲阶段出现的第一禁忌使这种自恋信念受到了严重的挑战。该禁忌确立了分离概念，并在欲望和欲望对象之间建立了一条不可逾越的鸿沟。但这一发展变化最终只会决定性地导致阉割情结。在那里，小男孩必须彻底永远地放弃其自恋欲望的对象，因此也就需要放弃他那理所当然的假设，即所有人都像他一样，"拥有和他一样的生殖器"。对他人的认知不再能够建立在对同一性的认识之上；自我（ego）被迫以不同的方式来面对非自我（nonego）。后者不能再被认为仅仅是第一人的某种变体，与第一人不同但又从属于第一人。他者也不再是简单地"在那里"，与自我互不相干。正是在这一刻，"第三人"参与了进来：作为精神内在的实例或代理（Instanz）[④]，构成了一种文化的众多元心理学价值观的集大成者——超我，登场了。这个超我继承了自我自恋的矛盾心理，这种矛盾心理从一开始就是自我自恋的特征：拒绝接受一个完全不同于自我（也就是说，不同于它的自身形象）的他者。从这个意义上看，超我既展示了"原始自恋的继承者"（S. E. 18, 110）的形象，又体现了构成上的局限之处。"通过设立超我，自我既掌控了俄狄浦斯情结，同时又对本我表示了服从"（S. E. 19, 36）。通过"设立"超我，自我在某种意义上承认了迄今为止它一直力图否认的他异性；但是这种"承认"本身就呈现出矛盾的特质。一方面，它必然涉及自我同化吸收非自我的努力，而另一方面，它又创造出了一个差异化的表述结构，这种结构永远不会被简化为纯粹的同一性，因为超我把自我置于最为典型的两难境地之中。"要像我这样！"它对自我说，"成为你自己！"然而，让自我成为它自己恰好与它的"偶像"强加于它的完美理想不一样。超我代表了自我无法达到的身份，自我必须向超我的方向努力，却永远无法达到。超我与自我的这种关系正是"第三人"和"第一人"之间的关系。超

[④] 德语单词Instanz，通常翻译成"代理机构（agency）"，也可能最主要指的是裁判所，一个上诉法庭，就超我而言这个意思尤其合适。

我说着自我的语言，用的却是本我的句法。就像弗洛伊德所描述的那样，它"由词汇表征（概念，抽象意义）构成"，这些表征与它的起源——"源自所听到的事情"——一致。但是超我的话语和自我的话语之间的这种密切关系却具有相当的欺骗性，因为超我"从本我中的某些源头处……获取精神贯注所需的能量"（S. E. 19, 52-53）。这种不可思议的交流最显著的表现无疑就是丹尼尔·保罗·史瑞伯（Daniel Paul Schreber）所描述的：他听到对他说话的声音——如弗洛伊德所指出的那样——"具有典型的第三人特征"（S. E. 14, 95）。

本弗尼斯特（Benveniste）观察评论说[5]，这个"第三人"，无论在语言上还是精神上都与第二人截然不同，因为他是一个"非人"，不能简单地被视为自我（ego）的同一性（或是自我的消极形态，第二自我，即alter-ego）。因此，第三人并非只是加入第一人和第二人之中，形成一个由三个个人、三个自我组成的三重结构：它的"出现"标志着自我本身对某些绝不可能被吸收同化为任何形式的自我认同的主体的本质性依赖。因此，这个第三人设立（aufrichtet）的"禁止"并没有从外部对主体施加影响：在某种程度上可以说，它从内部对其进行了颠倒错位，将其里外翻转，把"自我"翻出来暴露在超我面前，但同时也将低俗笑话暴

---

[5] 参见本弗尼斯特的《代词的性质》（*La nature des pronoms*），刊载于《普通语言学问题 I》（*Problèmes de linguistique générale [I]*），巴黎，1966年，第256页。

露在它的"倾听者"或"旁观者"面前。因此，当弗洛伊德描述第三人是如何首先阻碍勾引的实现，后来又从一个干涉者转变成一个同谋的过程之时，他也期待着通过超我的上位，找到俄狄浦斯情结根本结构问题的"解决方案"。这是否意味着低俗笑话在结构上是俄狄浦斯式的，抑或相反，俄狄浦斯情结就是一个"低俗笑话"，这个问题很难做出单一明确的回答。但可以断定的是，它们的关系明确体现了自我（ego）在表达自身诉求的过程中服从于某个他者的方式。这个他者——即第三人——既是审判庭，又是自我的偶像，对每一个以自我的面目呈现的"第一人"的命运做出裁决。通过这个他者，自我遭到了他异性（alterity）（标准尺度）的衡量，既不能完全占为己有，也不能断然拒绝，因为它的未来话语表达取决于它与超我的关系。这种关系产生了一个自相矛盾的结果，那就是——在主体心理发展过程中，完全不亚于在诙谐运作过程的表现——"第三人"变成了第一人可能（与不可能）上位的前提条件。这个"矛盾"的解决方案，或者更恰当地说，是它的表达，就是这种成为一个"第一人"、一个"自我"的可能性和不可能性把该"存在形态"看作一种可强加于人（如果不说冒名顶替的话）的东西。第一人只能通过斗争，以第三人为代价，把该"自我"强加在第三人身上，在这样的斗争中，实现其变成自己，变成一个"自我"的目标。这个强加过程被浓缩在——这也是弗洛伊德历经漫长时间不断发展演变的理论分析所期望的——诙谐的三方参与者结构中，尤其是在低俗笑话的场景设想中，我们现在就回到对该场景的论述中。

第三人有权力决定该诙谐的命运，进而决定讲述该诙谐的那个"第一人"的命运。因为如果诙谐表达不成功，未被倾听者的笑声证明为诙谐，那么就诙谐而言，第一人被否定，被剥夺相应地位。因为如果没有倾听者的笑声，诙谐就不算是诙谐，我们应该还记得这一点。

这个第一人，这个自我（ego）对第三人的依赖，贯穿于诙谐过程之中，它使我们能够辨识出弗洛伊德的很多读者曾经徒劳地寻找过的某些东西：个体主观性的精神领域被社会的主体间秩序所调解或者与之相互作用的精确的动态变化过程。我们所指称的自我的自恋性矛盾特质迫使自我将它的一致性认同——往往是"完美不切实际的"——转移到一个实例上，该实例只能通过一个由镜面反射般的他者（作为理想自我的超我），以及无法呈现的他者（作为本我之发展衍生的超我）共同构成的矛盾/模糊的联合体才能有效运转。他异性的这两个必不可少而又迥然不同的方面，在超我及其形象代表中被不可分割地绑在一起，产生了一种怪异但又具有重要意义的现象：超我在诙谐的第三人身上的"化身"——或者，从更普遍意义上说，在每个潜意识表达所必然会有的倾听者身上的"化身"——要求那个他者既是一个确定的个体，可以在一定程度的意识之意志的支配下行动，同时又不能完全意识到或者控制他的行为。这样，是讲述还是倾听一个诙谐，这个决定取决于某个意识行为，而决定诙谐命运的效果——笑声——则恰好在意识控制之外，如其表现的那样，出现在这种控制的暂时中断期间。

笑是一种特殊的行为，如果的确可以将它看作一种"行为"的话：就是说，把它看作一种经过有意识的准备并付诸实施的行为。因为笑声的特征，在于它只具有部分意志性，至少从弗洛伊德对笑声与诙谐的关系描述上看是这样。这就从最大程度上对那个充当"第三人"——发出笑声的人——做出了设定：充当一个人格面具，一个假面，它（本我）通过这个面具笑了出来。倾听者可能愿意发笑，但这种意愿无法被有意识地命令执行；弗洛伊德描述的那种爆发式笑声不能被意识强制出现，预先计划或被完全了解。它必定是即时的、自发的，与诙谐的"制造"本身一样，都不受意识意志的控制。

因为在弗洛伊德看来，这种笑声的特征中最主要的是一种非知识形态，"因此对于诙谐，我们几乎从不知道自己在笑什么"（《诙谐》，p.154）。弗洛伊德坚持认为诙谐引起的笑声具有这样的表现形态——尽管他对笑声机制中的"抑制"作用的讨论已经清楚表明，他所说的作为笑声的根本性前提条件的非知识实际上是另一种知识，而不是纯粹的无知。但这种其他知识首先必须造成有意识注意的分心："笑声实际上是某个自动过程的产物，只有当我们的有意识注意被从引起笑声的对象上岔开，这个自动过程才有可能出现。"（《诙谐》，p.154）因此笑声需要有意识的分心，或者也可以说，是思想的某种分岔走神。在笑声爆发一刻的同时，有意识的部分只能通过同时被诙谐给出的其他表象或期望所吸引和绑定，诸如"易于理解的语境"或诙谐传递的整体意义，只有这样，意识注意力才能被从制造笑声的对象身上岔开。

正是这种对意义的期待变成了诙谐的否定前提条件之一，尽管这种期盼由一个更全面综合的事实所限定，亦即该诙谐需要它的参与者之间形成某种契约关系。就其本身而言，诙谐几乎总是被提前宣告将会出现，或明或暗地，而这必然会引起对某种惊讶、消遣、笑声等的期盼。但是尽管这种期盼是如何不可避免，如果诙谐想要获得成功，这个特定"对象"必须处于意识的关注之外。总的来说，关于该对象，可以确定的——对于弗洛伊德的诙谐概念而言也是极为重要的——就是，倾听者和讲述者必须都受到同一个抑制的影响，该抑制也就是诙谐想要抵消的对象，解除它就可以让笑声出现。这就无异于宣称，在诙谐过程中笑声的"位置"是社会化协作确定的，涉及群体普遍秉持的"抑制"或禁忌（与纯粹属于个人的禁忌不同）。因而，在制造笑声的过程中，诙谐会表现出一些集体性的违反共同的禁忌的行为，尽管是暂时性的。因此诙谐往往只是为特定群体特有，这些群体拥有或多或少广泛的影响力，但从来都不是全球普遍性的。弗洛伊德评论道："每个诙谐，都只能在它自己所属的公众圈子里产生共鸣。"（《诙谐》，p.151）

将参与到诙谐中的各方捆绑在一起的契约因此背离了自由的资产阶级法理的约定：契约参与各方同意交换过程，而无须明确他们能够完成所承担的义务。倾听者不能保证自己会笑，实际上，他的笑声，由于本来就不是"他的"（不受他的意识控制），显示了他处于多大程度上的非自主性、"他治性"。诙谐涉及的实际上是试图越过某个禁忌界线的共同约定，在这个约定中，表示同意的各方——尤其是具有决定性作用的第三人——在诙谐出现之前或过程中几乎不能完全察觉到这一点。但是由于这个契约的结果永远不可能提前知道或预先对其做出决定，也由于它不依赖于有意识的意志力，而是依赖于多个力量之间的关系，在这个关系中，（意识之外的）"其他部分"起着决定性的作用，因此诙谐在充满好奇的氛围中发生了，这种好奇并非简单地想知道任何主题的知识，而在于其他发现。

然而，"发现"不应被看成一种完全属于认知方面的行为，甚至不能说基本上是。在与这本关于诙谐的书的同时期撰写的《性学三论之婴儿期性欲》（*Three Essays on the Theory of Infantile Sexuality*）中，弗洛伊德论述说，"想知道的欲望（der Wisstrieb）"从"想看到的冲动（der Schautrieb）"发展而来。（S. E. 7, 194）诙谐体现了想看（和想要被看）的欲望的力量。在诙谐中，潜藏在好奇心、惊奇、意义、抑制和游戏的互动之下的正是偷窥欲（Schaulust）：低俗笑话中对女性实施的带有性侵犯意味"暴露（Entblössung）"也许就是机智诙谐和视觉幻想之间的紧密勾搭最明显不过的证明。⑥从某种意义上说，所有"三人"都被诙谐暴露（就像诙谐本身被暴露在笑声中，被暴露给发笑者一样）。"第二人"总是很容易被诙谐暴露，诙谐普遍的倾向性确实表明了这一

---

⑥ 如果说机智和知识的关系，是任何诙谐理论的中心问题之一，也是最传统的问题之一，弗洛伊德的讨论则证明了二者词源学起源的相关性，Witz（德语，①诙谐，幽默，风趣；②机智，才智；③[渐旧]理解力，智力，头脑）和Wissen（德语，①知识，学识，学问；②了解，认识；③知道，清楚）都可以追溯到共同的源头videre（拉丁文，意为看法；景色，风景。= to see）。

点。弗洛伊德评论说,第一人,经常拥有"一种显示自己很聪明,想要展示自己的强烈愿望——一种与性领域的露阴癖几近相同的本能"(《诙谐》,p.143)。在结构性层面上,诙谐讲述者将他自己暴露给第三人,由后者做出"决定"。但这个第三人又会如何行动呢?他会以什么样的方式参与到这场偷窥行动中,他又会在多大程度上暴露于诙谐之中,或者被诙谐暴露呢?如果这个"他"是一个"她"又会怎样呢?

　　一如他贯有做法,弗洛伊德并未在文章主体中对这些问题做出清晰明确的回答,而是含蓄地把它们放在页面的边缘空白处:再一次地,以脚注的形式,而且又一次地,在正文撰写完成很久之后才添加上去。这个脚注,从它的定位来看,类似于笑声(但或许这只是无聊的机智,过于机巧的类比?),因为它相对于文章主体而言是事后补充(Nachträglichkeit):在本书完成之后很久才补充进去,谈到了某个"还没有恰当名称"的现象,对于该现象人们甚至还无法确定它到底是否属于诙谐范畴。这一脚注本身又出现了附注:1912年弗洛伊德为一条关于"胡说式诙谐"做出的长长的脚注再做了附注,尽管只是脚注的附注,对诙谐理论却是非常重要的。对于这样一个以意义内核充当外包装,外包装作为本质的现象(诙谐)来说,该附注的重要性不逊于任何东西。

　　且让我们首先看一下这条讨论"胡说式诙谐"这一问题的长脚注"本身",它添加于第四章("诙谐的起源与快乐"["Pleasure and the Genesis of Jokes"])的结论部分。弗洛伊德说,在他的讨论中对"胡说式诙谐"有所忽视,因此有必要做出"补充性的仔细考虑"。该脚注一开始就强调说，如果下结论说"胡说式诙谐"是诙谐基本或唯一的表现形式，将会是个错误。这一类诙谐只体现了诙谐过程的两个基本要素中的一个，即玩弄一下思想，通过解除抑制来促成快乐出现；而构成诙谐之乐趣的另一个更原始的要素，来自玩弄文字游戏，并不依赖于这种胡言乱语的效果。于是，弗洛伊德又重新提出了游戏与抑制、押韵与推理、文字与思想之类的等级对立关系，试图通过这样的分析处理将诙谐的种种不同表现形式组织起来，形成一个连贯统一的整体。因为只有通过这种方式，他才可能有希望把这些记忆残片——他的前辈们的零星研究成果——汇总起来形成相关理论，能够刻画出诙谐的本质，而不是仅仅罗列了一堆奇闻轶事。

但是，弗洛伊德随即又承认，诙谐的这种二元特性，"诙谐中双重的快乐根源"，正是他在整个研究过程中所遭遇到的困难之根源所在；它的双重性，也就是弗洛伊德在别的地方提及的诙谐的"雅努斯之面（Janus-face，口是心非）"，"妨碍了他用概括性的话语对诙谐做出简明扼要的阐述"（《诙谐》，p.138）。换句话说，诙谐制造的"快乐"内在的矛盾本质"挡在路上"，也就是说，阻止了弗洛伊德将诙谐的含义纳入一个统一的理论的尝试。就在这里，弗洛伊德完成了他最精心雕琢的——而且，如我们所看到的，也是颇有疑问的——关于诙谐的论述，即诙谐"展示了一个由游戏之中的原初快乐构成的内核（Kern）以及一个通过解除抑制产生的快乐构成的外壳（Hülle）。"

然而，这种区别刚刚形成，就开始分崩离析了。弗洛伊德试图将"胡说式诙谐"看作抑制的快乐的外壳,这种二元分类马上需要添加进一步的限定条件,"其次,仍处于概念表述下的胡说式诙谐必须能够通过迷惑我们来分散我们的注意力",以此"加强诙谐的效果"。但是如果每一个诙谐都必须制造出笑声,如果笑声来自那些若没有被偏离和中和就会在抑制中被吸收的能量,那么在诙谐中,胡说的这种"次要的"功能在发挥诙谐效果方面是很有必要的,其必要性不逊于抑制本身。外壳和内核的对立概念所隐含的鲜明的区别,即诙谐的侵犯性与表现性两方面之间的显著区别,也就因此而失去了针对性,因为无法判断抑制在什么地方终止,游戏又从什么地方开始。

这种含糊其词——努力将诙谐的这种双重性概括在一个统一的描述中——迫使弗洛伊德重新回到"胡说的意义"的问题上,第一次论述出现在我们刚刚回顾过的脚注的主体部分,若干年后再次出现(1912年),他对这条已经很全面的脚注又增补了一条附注。这条姗姗来迟的附注与一些类似诙谐的表达有关,但它们缺乏一个合适的命名,弗洛伊德起初曾将它们描述成是"伪装成诙谐的愚蠢话语"。和它的英译文版不同,弗洛伊德的德语原文(witzig scheinenden Blödsinn)提醒我们,这个"愚蠢话语"仍有一定形式的意义:它是"Blöd-sinn(愚蠢、令人讨厌的思想)",意思是愚蠢的,因为它让自己"裸露"或"走光"(德语blöd从词源上看与bloss相关,等于bare,裸露),就像低俗笑话中的"Entblössung(脱去衣服)"那样。就像低俗笑话一样,这种愚蠢话语构成了诙谐的一个临界点,可以是诙谐,也可以不是;尽管如此，弗洛伊德仍然要在这里提到它们，这可能是因为，像低俗笑话一样，它们这种介于诙谐和非诙谐之间的临界状态有助于阐明诙谐中的意义和无意义这一重要问题。

弗洛伊德引用的这类诙谐例子中，有一个是这样的："'生活是一座吊桥'，一个人说。——'你是什么意思？'另一个人问。'我怎么知道？'他回答道。"（《诙谐》，p.139）毫无疑问，这里的问题就是，听者——在这里就是读者——不知道在这种情况下是该哭、该笑，还是该生气。在弗洛伊德看来，这正是这种"极端例子"的意图所在。

> 这些极端例子之所以有效果，是因为它们激起了听者对诙谐的期盼，于是听者努力想要发现隐藏在这种无意义（Unsinn）背后的意义（Sinn）。但他什么也没发现，它们确实没有意义。在镜像游戏的作用下，短时间内在胡说中释放乐趣成为可能。⑦

弗洛伊德一直在讨论的这种诙谐（如果它确实是诙谐的话）使倾听者产生了一种错觉，但它用了一种非常"独特的"方式：它呈给倾听者一面欲望之镜，镜中反映了倾听者"想发现隐藏在胡说

---

⑦ 《诙谐》，第139页。《标准版》将原德语词Vorspiegelung翻译为pretense（托词，伪装）："这个伪装使它能够这样那样。"虽然这准确地表达了这个术语的外延意义，但它忽略了弗洛伊德著作中经常出现的、具有决定性作用的内涵意义。

背后的意义"的欲望（S. E. 5, 506）。正是这种欲望使得诙谐成为可能，而弗洛伊德引用的例子清楚地反映出了它独特典型的特征。"对诙谐的期待"就在于想要弄清楚诙谐开始时所提出的那个谜一样的断言的意义。如果诙谐勾起了倾听者的兴趣，而又拒绝明确说明其意义，那么它的行为就不能被认为是纯粹而简单的无意义。因为，倾听者试图发现"一个可理解的语境"，这类诙谐却是想捉弄倾听者的这个欲望，而这个欲望，正如我们已经看到的那样，就是"二度润饰"之根源所在。陷入这个欲望之中的不是别的，恰恰就是自我的自恋努力，想要统一、绑定并整合，进而构建出一个有意义的、自成一体的对象，然后它就可以将自己定位为一个具有同等意义、自成一体的主体，那就是自我意识。通过唤醒这一"期盼"，然后又不让它得到满足，使它自暴自弃，这种诙谐就以这样的方式运作，非常令人想起分析师的治疗过程——分析师拒绝与精神分析对象进行富有意义的对话，正是为了使分析对象维持可以激发问题、寻求答案的欲望。

当然，弗洛伊德并未提及这些"类似于诙谐的表达"和精神分析话语之间的密切关系。毕竟，他只是在讨论一个主题的边缘现象，而且该主题相对于精神分析"本身"而言也处于边缘地位。但是如果我们将这种相似性谨记于心，就会发现他的结论性评述具有特殊的意义：

> 这些诙谐并非完全是毫无倾向性的：它们是一些"长绒卷毛狗式的故事（意即冗长无聊不得要领的滑稽故事或幽

默）",通过误导和烦扰倾听者,给讲述者带来了某种快感。而倾听者则下决心让自己成为一个讲述者来减弱这种烦扰。(《诙谐》,p.139)

如果诙谐讲述者的话语不可避免地会对话语对象表现出侵犯性倾向,而后者反过来努力变成讲述者——也就是说,成为"第一人","自我"——从而消除他们的挫折感,这为分析话语和自我本身的起源开启了多种视角。两者都是从"第三人"向"第一人"做出某种特定的"迁移"后的结果,这个"迁移"通过某种叙述过程实现。就这样,这个"迁移"成了精神分析所描述的精神的一般语境,同时也作为分析话语本身的一般语境而存在。很显然,弗洛伊德并没有特别的兴趣对两者之间这种"巧妙的(witty)"联系进行重点描述。因为又有谁能明确判定精神分析已经成功地理解和掌握了诙谐——就像弗洛伊德已经着手搭建这样的理论体系那样——或者,也许诙谐最终对精神分析又一次占了上风,结果表明精神分析只不过是一类特殊的诙谐故事?[8]

事实上,这里讨论的这类故事是如此不可靠,它几乎不可能有助于提高弗洛伊德不得不努力捍卫的(精神分析)这门"科学"的声誉。然而,就在这里,弗洛伊德无意中发现了一个名字,并用它来命名那些他曾经批注为"没有合适的名字"的诙谐。因此,

---

[8] 法国出版的一本散文集使用了一个很有影射性的标题:《精神分析是一个犹太人的玩笑吗?》(*La psychoanalyse est-elle une histoire juive?*)(巴黎,1981年)。

我们有必要多逗留一会儿，深入探讨一下诙谐和精神分析的关系。因为在原德文中，那个被我译作"长绒卷毛狗的故事（shaggy dog story，指冗长无聊的滑稽故事）"而在《标准版》中被译成"take-in（上当／欺骗之意）"的术语，就是早已为我们所熟悉的"Aufsitzer"一词（疑似Aufsitzen［上当，受骗，骑，跨坐］），和弗洛伊德描述梦之脐关于"未知世界"的位置所用的词是同一个。假如就像弗洛伊德所宣称的那样，梦为精神分析提供了一条通往无意识的"康庄大道"，那么精神分析通过这条宽阔大道时，就必然要摆出一副不可阻挡的姿态，也就是那个冗长无聊的滑稽故事的姿态。

当然，暗示精神分析运动带有冗长无聊的笑话（Aufsitzer）的特质，并不是认为它作为一个纯粹的、简单的掩饰行为不合格，而是想要指出，如果一个理论试图按照一定的方式来考虑无意识的影响，这种方式不可避免地也会被施加在自己身上。把强加于人和诸如冗长无聊的笑话之类的"坏诙谐"联系起来，这一做法不应被看作一种批判，除非我们想忘却弗洛伊德煞费苦心强调的那个观点，即"坏诙谐与好诙谐一样有效"。除非我们可以立足于某个置身于精神分析试图评判的故事之外的立场或仲裁庭——一个主管机构——来进行评判，否则我们并不能谴责精神分析是一个冗长无聊的笑话。然而，这样一个上诉法庭——即自我的立场——正是精神分析不可避免地会扰乱的对象。它也这么做了，它指出，事实上，以它自己为例，来表明任何这样的观点是如何不可避免地被深刻嵌入它想要重新讲述的剧情梗概或故事之中的。

这无疑就是为什么弗洛伊德在他的诙谐理论发表多年以后，又被迫回到"胡说的意义"的问题上，致力于解释他最模糊的论述——冗长无聊的诙谐——的原因。因为，假如自我对一个充满意义的整体的期盼是诙谐成功所内含的、不可缺少的前提条件，那么，这个条件发挥的作用，没有其他任何地方能比在冗长无聊的诙谐——这个"欺骗"，同时也是个"诱惑"——中更为强大。这个在所有诙谐类型中最不确定的一类之所以如此难以把握，是因为我们根本不曾把它"纳入"诙谐范围，至少，我们作为听众的确如此——相反，是它诱骗我们强行走上了一条绝非如帝王般盛大堂皇的道路。因为在这条路的尽头，我们发现的只有胡说。"它们的确就是胡说，"弗洛伊德这样说，试图以此打消我们的疑虑，也安慰他自己。

但是虽然"冗长无聊的诙谐（Aufsitzer）"是"胡说"，它也是诙谐的精髓，它是对"对诙谐的期盼"开了个玩笑，也是对我们的期盼——希望出现一个能够全面理解诙谐的理论——开了个玩笑。因为如我们所见，那个理论必须以能够揭示诙谐本身隐藏的特征从而将它的外壳和内核分开这种可能性为基础。然而，这种Aufsitzer（冗长无聊的诙谐）却证明不可能将这两部分分开，不可能分清被诙谐纠合在一起的不同部分。如果我们站在先前关注的两种语言表达交汇的位置，花点时间琢磨一下与德语中表示"长绒卷毛狗的故事"的词汇最接近的英语翻译，这种证明就更能说明问题了。人们试图追溯这个表达的词源，但一直没有明确结果（ohne Abschluss）。大多数此类猜测都集中于这一措辞更实质的部分，即作为"核心"的狗，但鲜有成功。⑨但是如果分析这种长绒卷毛狗内核已被证明是条死胡同，或许该是时候重新审视它的外壳，即"shag（蓬松卷毛）"了；即使在今天（至少是在不列颠英语中），"shag"所指的意思正是弗洛伊德用来形容低俗笑话的德语词"Zote"的意思。因为"Zote"来自"Zotte"，后者表示"不洁的毛发，阴毛，不贞洁的女子"。⑩总之，"Zote"和"shaggy-dog story"都表示那种见不得人的乱蓬蓬的纠结缠绕之处，对这种地方，弗洛伊德要么像在他的"阉割情结"故事中那样避而不谈，要么把它描述成某个更显而易见、更易于触摸的事物之所在，比如从菌丝中冒出来的蘑菇。Zote和长绒卷毛狗的故事就这样作为叶状体的不同形式出现，阳具在其中反复地突起又垂落。但是这种阳具的起落已经深深地铭刻在"Zotte"的意义之中，并加以规定。当然它也可以表示"（动物）披垂的毛发，羊毛/欺骗，破布，零碎杂物，灌木毛丛"，而它的动词形式"zotteln"，则通常表示一种"前后来回摆动"的动作。不过，与Zote相比较，长绒卷毛狗的故事更是让我们"不知所措"——然而，不是悬于不知何处的半空，也不是吊在纯粹的"胡说"之中，而是悬在所有那些自恋的幻想之中。在反复进退交涉中，自我努力地前行，穿过这些幻想，从"肛欲期"进入"生殖器期"，以及

---

⑨ 埃里克·帕特里奇（Eric Partridge），《长绒卷毛狗的故事》（*The Shaggy Dog Story*），纽约，1954年。

⑩ 《大杜登词典》（*Der Grosse Duden*），《词源词典》（*Herkunftswörterbuch*），曼海姆，1963年，第785页。

后阶段。这个后阶段，同时也是一个前阶段，它位于一个只能称为**菌丝型**或**体生式**（thallic）的空间中。因为构成这个空间主要特征的，不是某个客观对象的存在或缺席，拥有或丧失，而是占据这一空间、"前后来回摆动"的各要素的结构和变化。⑪

弗洛伊德试图将前人的一切诙谐理论碎片进行整合，形成一个统一完整的理论，但结果并未如他所愿地成为一个有机的整体，只是一团乱蓬蓬的长卷毛。他并没有揭开诙谐的本质特征，暴露它最深层的核心，相反，就像歌德笔下的浮士德一样，留给他的只是一层面纱——或者说，是一床缀满补丁的被子。难道我们，以及弗洛伊德，都被"蒙蔽"了吗？被"那个'其他人'的典范"，那个狡猾的第三人、第一读者欺骗了吗？难道到头来，弗洛伊德的理论再一次被讨厌的诙谐破坏？他的理论不就是用来解释它的吗？

很明显，这些问题不能在这里得到回答；它们要求的答复只能来自其他地方。此时此地，我所能做的，就是给大家讲述下面的故事，以此平息我面对这么多不确定之处的沮丧心情。这是我很多年前听到的故事，如果我没记错的话，我曾经开怀大笑：

> 一个犹太人和一个波兰人面对面坐在一列火车上。犹豫片刻之后，波兰人对犹太人说："犹太佬，我一直以来很崇拜你的民族，特别是你们做生意的天赋。老实告诉我，这背后

---

⑪ 《大杜登词典》，《词源词典》，第785页。

是不是有什么秘诀,我可以学吗?"犹太人很惊讶,过了一会儿,他回答说:"兄弟,你说得对,是有秘诀。但是你也知道,天下没有免费的午餐——你得破费一下。""多少钱?"波兰人问。"五个兹罗提(波兰货币单位)。"犹太人回答。波兰人迫不及待地点头,掏出钱包给了犹太人五个兹罗提。犹太人收好钱,然后开始讲:"你需要一条大白鱼,尽量是自己抓的;把它清理干净,腌制,然后放入一个坛子;然后在月圆之夜把它埋于祖坟地下。三个月之后才能将它挖出来⋯⋯""然后呢?"波兰人迷惑不解地问,"就这样?""当然不是。"犹太人笑着回答。"还有一些事情要完成。"稍停片刻,又说,"但你还要付钱。"波兰人付了钱,然后犹太人接着往下讲,就这样从克拉科夫(Cracow)一直到了伦贝格(Lemberg)。波兰人渐渐地变得不耐烦,他身上所有的钱都已经给了犹太人,最后,他暴跳如雷:"你这个肮脏的犹太佬,你以为我不知道你的把戏?你把我当成了傻瓜,还骗了我的钱——这就是你们那珍贵的秘密!"犹太人亲切地笑着,说:"但是,兄弟,你想要什么呢?难道你没看见——它已经起作用了!"⑫

---

⑫ 这个笑话是雅克·德里达告诉我的。

第三部分

爱情故事

一个炎炎夏日的午后,我漫步在一个陌生的意大利城市里。街道空空荡荡的,我来到小城的一角,它的特征,我不再怀疑。透过窗户,只能看见浓妆艳抹的妇女,我赶紧在下一个路口拐弯,离开了这条狭窄的街道。但我漫无目的地游荡了一会儿后,突然发现自己又来到了同一条街上,并开始引起一阵骚动。我匆忙再一次离开,结果迂回了一阵之后,发现自己第三次又来到了同一个地方。在那一刻,我产生了一种奇怪的感觉,一种我只能用神秘来形容的东西……

——弗洛伊德,《论神秘》
(*The Uncanny*)

分析师的欲望：在游戏中猜测

没有什么能比人们对待死亡本能理论的态度更能典型地体现出人们对弗洛伊德思想的反应了。那是弗洛伊德的诸多理论中最具猜测性的一个。直到1957年，琼斯在评价公众对于《超越快乐原则》的接受程度时还能观察到：

> 这本书值得进一步关注，因为它是唯一一部哪怕是弗洛伊德的追随者也几乎难以接受的作品。有人统计表明，截至目前，在致力于探讨这个主题的约五十篇论文中，在第一个十年发表的文章中只有一半表示支持弗洛伊德的理论，第二个十年降为三分之一，在最后十年中，一篇都没有。[①]

然而，就在琼斯写下上述文字的时候，另一位精神分析学家拉康——显然琼斯选择忽视他的存在——正在努力对弗洛伊德的理论进行阐释，其中，死亡本能理论的表达堪称典范。对雅

---

① 琼斯，《弗洛伊德的生活与工作》，第三卷，第287页。

克·拉康来说，死亡本能想要确立的概念就是"主体和能指之间的关系"，他坚持认为，"精神分析最根本的见解就在于此"。②

拉康发起的"回归弗洛伊德"运动已经越来越多地影响了近年来对精神分析的讨论，主要是在法国，但不限于法国，其影响已经达到这种程度，以至于他对死亡本能的理论意义的重新评价几乎变成了一种口号：死亡本能（Todes-trieb）已经作为精神分析的一种思想调整而被广泛接受。例如，在《萨克·马佐克介绍》(Présentation de Sacher-Masoch) 一书中，作者吉尔·德勒兹（Gilles Deleuze）描述说，弗洛伊德越过快乐原则的行动是这种原则本身不可避免的结果。③

德勒兹排除了实证观察作为弗洛伊德做出这种举动的可能因素（因为严格来说，观察永不可能对快乐原则提出质疑），确立了迫使弗洛伊德对快乐原则概念结构体系所持的先前立场做出修正的原因。德勒兹认为，快乐原则根本就不是一个真正的原则，因为它永远不会从因果要素的角度来解释各种现象；它只是用一种笼统的方式来描述，从不曾正面回答那个问题，即"快乐"——或避免精神紧张——怎么样或为什么能够或应该调控所有精神活动。因此，这一根本性的理论疏漏，快乐原则的这个"丧失原则性"的特征，就是促使弗洛伊德越过该原则深入寻找精神活动之谜的答案的动力。

---

② 雅克·拉康，《拉康文集》，第659页。
③ 吉尔·德勒兹，《萨克·马佐克介绍》，巴黎，1967年，第iii页及其后。

在德勒兹的描述中，弗洛伊德的寻找过程划分成两个时期。首先，弗洛伊德返回他最早期的一个概念，根据这个概念，精神能量在不同程度上必然涉及绑定的过程，反过来，该绑定过程又充当了能量释放或发泄的前提，也就是快乐的前提。因此，该绑定过程就作为快乐原则的结构性前提条件而出现（或再次出现）。德勒兹继续说道，但是不难发现，绑定概念就是后来的爱欲概念的前奏，而这个爱欲概念指明了合体倾向，那是一种更大更好的统一形态。从这个角度上看，爱欲大概说出了绑定的普遍性作用。不过，这引领着弗洛伊德进入第二阶段，因为，为了概括确立绑定概念，弗洛伊德不可避免地要借助于重复概念：作为一个随时间变化的过程，绑定除了表现为一种重复形式，没有其他可能。但是，从任何简单的意义上看，重复都会迫使弗洛伊德跳出快乐原则，因为重复不可避免地要往回指向——并依赖于——先于它存在的某些东西，也就是先于任何能量绑定之前业已存在的形态。虽然重复是精神能量绑定，从而也就是快乐原则的一个必要方面，但由于重复指向某个不仅在时间上，而且在逻辑和结构上都先于快乐原则的领域，因此，重复分离并解构了这个"原则"。虽然重复对于绑定过程是不可或缺的，但它同时也超出了我们的认知范围，表明在其中产生作用的那些力量本身可能是毫无根据的。

因此，弗洛伊德试图找到精神活动的基本原则的努力不会落到实实在在的基础之上，反而会引向一个看不见底的深渊（或者换个更乏味的说法，就是无限的倒退）。德勒兹将此看作"真正哲学层面的思考"的信号，而这种哲学式思考的本质正是"超验的"④。按照德勒兹的观点,超验式思想的典型特征就是无法适可而止,总是画蛇添足,即无法停留在它想停的地方,如止步于爱欲的发现。相反,在它自身惯性的驱动下,超验思想越过这些令人欣慰的理论发现,"坠入毫无根据的"深渊。

在德勒兹看来,死亡本能就是这样一个疑难性的概念,是一个符号,代表了真正的超验哲学猜测。在渴望刨根问底,一探快乐原则之依据的欲望的驱使下,弗洛伊德又挣扎着回到绑定这个想法上,而这又使他陷入重复概念中,最终驱使他越过快乐原则边缘,走向死亡本能的理论假设。

这样解释弗洛伊德的理论发展轨迹有一个好处,就是把他的猜测性研究活动和在此之前所做的、看起来较少猜测性、更多来自实证或临床上的研究工作形成了某种必要的联系。然而,只要德勒兹的解释试图将那个疑难性的重复概念置于超验主体的位置,以确定弗洛伊德思想的演变过程,就需要大胆地将他的想法比作那种他不断想要质疑的哲学思想。因为精神分析思想的明确性往往会随着无意识等同于或被想象成一个"超验的"主体的程度而消失,尽管对这个主体的诠释可能是充满问题的和"毫无依据的"。"违背"并非必然就是"超越"。要理解它们的区别,我们只需回顾一下《超越快乐原则》中弗洛伊德抛弃脚踏实地的实证观察,开始进入猜测模式的方式:

---

④　吉尔·德勒兹,《萨克·马佐克介绍》,巴黎,1967年,第114页。

> 现在接下去就是猜测，经常是难以置信的猜测，读者可以根据他自己的特定视角（Einstellung）认同或忽略这种猜测。此外，猜测还是持续一贯地对某个想法进行探究的一种尝试，出于好奇，想知道这会导致什么结果。(《超越快乐原则》, p.18)

在德勒兹看来，此处弗洛伊德的好奇心就是超验式思维模式的表现，注定要无休止地追寻它的目标，以至于最终会迷失在黑暗无底的、备受质疑的深渊之中。然而，对于好奇心，弗洛伊德给了我们一个非常不同的解释。在他的《性学三论》（Three Essays on Sexual Theory）中，也就是他最早将求知欲（Wissgier）问题作为理论研究课题的地方，弗洛伊德强调"并非理论上的，而是实践上的兴趣，使儿童开始了探索活动"（S. E. 7, 194）。

而且，至少从弗洛伊德的观点来看，最不确定的，就是那个一般人普遍坚信的观念，即在成人的研究和探索行为中这种"实践上的兴趣"不那么具有决定性作用。因而，弗洛伊德提出的"实践上的兴趣"主导了"渴望知道"的早期发展的解释值得引起我们的注意。在关于儿童的第一"性理论"中发挥了重要作用的兴趣表明，对起源的忧虑也是自我的自恋努力的一部分，它试图通过"赋予时序特征—暂缓出现"的叙事，即交替性的叙事表达（看作起源、失去和分离等），来巩固它的组织。女性阴茎的幻想把这种差异看作（阴茎）缺失，把他者（the Other）看作同一（the Same）的某种变体，把重复看作认可。在这样做的过程中，自恋的概念，即存在着一个对于自我（ego）的表达不可或缺的原始纽带或绑定，就以该小孩一直试图重新发现或揭示的某个无形的、隐藏的对象的形式构建了起来。虽然这种求知欲和好奇心——儿童的探索行为（Forschertätigkeit）——不可避免地会导致阉割危机，并且通过这种危机重新构建自我，其中的充满自恋的身份本体也被彻底地置换，但是，这个过程（我们在提到弗洛伊德的第二种人格结构理论时已经讨论过）完全不同于德勒兹——当然还有拉康——设想的那种"深不见底的大坑"。自恋（的自我）努力从二元对立分类范畴（充盈/空缺，存在/缺失，可见/不可见）的角度来精心构造他异性，以便将其据为己有，诸如"深渊（abyss）"或"裂隙（béance）"之类的想象仍处于围绕自恋形成的这种充满幻想的轨道上。尤其是，德勒兹的"超验性猜测"概念仍得益于某种自恋性叙事，尽管弗洛伊德提出的第二种人格结构替换并干扰了这一叙事。"阉割危机"之后必然会发展出一个与那个小孩的"性理论"完全不同的故事，但是这种差异既不能用"超验"逻辑也不能用纯粹的"能指"来描述。因为这个故事讲述的，既不是一个（缺失的）起源，也不是一个深渊：它把我们引向别的地方，该区域比任何消极否定的本体论（或认识论）希望能够做出的描述都要更确定，同时，也更不确定。

在这些地方，自恋从未缺席，总有它的身影出现，尽管它的作用不是非常有效的。然而，拉康和后拉康派人士在其理论表达中含蓄地认为并不存在这种自恋情况，他们趋向于把死亡本能这个理论猜测树立为一个超验性的精神分析理论原则，因此选择忽视另一事实，即猜测和自恋从来就是不能完全分开的，至少弗洛伊德这样认为。弗洛伊德先是回到强迫性重复中，然后再到死亡本能理论，这种理论发展轨迹本身可能就是精神分析之出身最初的充满自恋色彩的叙事的一部分。而这种可能性，法国的弗洛伊德追随者们要比他们的英美同人更少关注。⑤

然而有一点确凿无疑，那就是两个理论团体都确信，弗洛伊德把死亡本能看作一个替代性理论，或者一剂解药，可以用来抗衡自恋理论对他的思想造成的冲击。正如我们所指出的，拉康把死亡本能解读为主体相对于能指的关系的典范，也可以说，是欲望在"象征"界中的典范，并且或明或暗地，拉康倾向于反对自恋的自我——被自我疏离，也必然要不断自我疏离的我（moi）——所在的"想象"王国。⑥

但是，把死亡本能看作自恋理论的一个根本替代物的趋向远远超出了拉康学说正统论断的范围。让·拉普朗切（Jean Laplanche）曾经提出告诫，有充足的理由证明不能将对自我心理学的批判和解决（或消除）自我理论或自我理论中存在的问题混为一谈。他认为，弗洛伊德引入死亡本能概念，是企图恢复他的理论思想的平衡地位，因为当时他的思想正处于被自恋概念所迷

---

⑤ 关于最近一个值得注意的例外，参见雅克·德里达在《明信片》（*La carte postale*）中演绎的《超越快乐原则》，巴黎，1980年。

⑥ 关于拉康对"想象界"和"象征界"的区分，见我的《弗洛伊德的回归：论拉康在精神分析学中的地位》（*Rückkehr zn Freud: J. Lacans Ent-Stellung der Psychoanalyse*）一文（柏林，1978年）。

住，无法自拔的危险境地。⑦而且如我们已看到的那样，在德勒兹看来，弗洛伊德在死亡本能猜测中体现出来的超验特质，与自恋的自我认同行为是对立相反的，至少从其蕴含的意思上来看是这样。

另一方面，对死亡本能持有更传统看法的人士则都表现出某种相同的偏好，一种消极负面、表示理解的姿态。例如，琼斯认为，自恋这一理论发现与死亡本能假设相对立，让弗洛伊德产生了"一种非常不同的……想法"，琼斯所指这个非常不同的想法就是弗洛伊德的第二个理论结构，本我—自我—超我。琼斯坚持认为，弗洛伊德思想中的这两种对立倾向，只在弗洛伊德本人的个人心理中存在着重叠。琼斯不顾死亡本能在理论上的任何值得关注之处，而主要把它看作一种表征，代表了弗洛伊德的个人努力，试图通过一种理论构建，可以说是一种升华的向"父亲形象"的"内心投射"，以此来维持他（充满自恋的）相信自己不朽地位的信仰。因此，在琼斯看来，自恋实际上主导并完全盖过了死亡本能概念；尽管琼斯只是根据弗洛伊德的个性得出这个结论，但是，如果把琼斯的解释与其他人，尤其是德勒兹的说法放在一起来看，就会让人想到另一种可能性：死亡本能理论假设的出现不仅仅是弗洛伊德个人欲望的一个表征，同时，而且最主要的，也是他的思想，精神分析思想本身在危急时刻的产物。因此，自恋

---

⑦ 让·拉普朗切，《精神分析中的生与死》（*Vie et mort en psychanalyse*），巴黎，1970年。

的力量不仅让那个个体对象，即"弗洛伊德"的形象极限提升，更让精神分析理论工程本身做出了极限发挥。

因此，从某种意义上说，此处的关键在于能否从一定的自恋概念的角度对德勒兹所谓的猜测的"超验"本质做出阐述并重新思考。对于这样的自恋概念，在弗洛伊德的著作中从未有过详细解释，不过因为它维持着一种隐形状态，至少在一定程度上是这样，反而在其作品中产生了更强有力的影响。在随后的解读中试图探讨的就是这样一种推测。

那么，让我们先从绑定概念开始，正如德勒兹正确强调的那样，它必然涉及某个重复过程。然而，这个过程展示了一个德勒兹没有提及的方面，也许是因为它是如此显然，无须赘言。尽管这样，如果我们稍微思考一下，就会发现，绑定过程的这一方面是快乐原则本身不可缺少的构成要素。因为，在这个绑定过程中，重复呈现的就是那个表象（Vorstellung）：尽管精神能量可以凭借自己正被绑定（或可绑定）的性质，与其他形式的能量进行区分，它绑定的对象也就是某个表象。即使在"初级过程"中，这一事实仍然成立，尽管弗洛伊德强调指出这个初始状态中精神能量具有"未被绑定"的属性。因为弗洛伊德所说的，初始过程和次级过程相比较，其不同之处只是在程度上的差异，而不是种类上的不同，至少就绑定这个问题而言是这样。甚至初级过程中能量贯注的不稳定性，与次级过程中更高的稳定性相比也是相对的：这不是一个绝对差别。这就是为什么"初级"过程并不是简单的初级，其简单程度取决于——无论是在精神上还是在逻辑上——

次级过程，从我们已经讨论过的意义上来看可以这么说。⑧

弗洛伊德从一开始就提到了这个问题。在《梦的解析》一书中，他描述了初始过程中绑定、重复和表象之间的相互关系："因此，最初的心理活动，其目的在于确立一个感知同一性，就是说，在于再现那个和需求的满足相关联（verknüpft）的感知。"（S. E. 5, 566）在这一描述中，尽管（或者说是因为）其未曾绑定的特质，初始过程努力建立一个感知同一性，一个重复先前感知的代理表象，使其易于被识别。然而，这种解释造成了两个问题。首先，如果就像弗洛伊德描述的那样，先前的感知"和满足关联在一起"，那么在建立这种关联的过程中是哪些因素在发挥作用呢？其次，按照弗洛伊德对快乐原则的设想，这种关联明显的同步特质表明这需要两个要素：释放，当然还有表象。实际上，这两个要素似乎逐渐趋同：作为一个通过重复来实现的绑定过程，表象的构建似乎不仅是释放的一个前提条件，它和释放行为本身趋于融合。

问题由此产生，那就是：一个想绑定能量，形成感知同一性（或者，也可以说，是制造出表象），另一个企图释放或消除紧张感，这两种倾向之间的确切关系又是什么呢？从何种意义上，构建表象的精神能量绑定能够变为释放或促进能量释放？这个问题一经提出，在弗洛伊德的思想中就会更加放大，因为"满足"与感知或表象之间错综复杂的联系会持续不断地为所有与绑定过程

---

⑧ 关于初级和次级过程的分析，参见本书第一部分。

和重复过程有关的进一步描述提供素材。

因此，如果精神能量的绑定不仅构成了释放的前提，弗洛伊德更是试图将它等同于释放本身，那么这只能是因为不能从纯粹经济节省的角度来理解弗洛伊德所说的紧张解除（Abfuhr）——不应把能量的释放看作只是减少了一定量的紧张感；它必须从拓扑结构的层面来定位，就是说，与一定的心理系统或所在位置相关。这就是导致弗洛伊德构造出由初始和次级过程组成的第一个拓扑结构方案的原因。但是很明显地，这个初始的拓扑结构无法解释存在于释放概念和绑定概念之间的关系，也无法解释缓解紧张和表象贯注之间的关系。直到弗洛伊德提出第二个拓扑结构，它由一些描述冲突的概念构成，而且这些概念本身就是充满矛盾冲突性的，这才为回答这个问题提供了理论基础。对于这个特定的心理系统来说，表象的形成（贯注）就其本身而言是一个充满快乐的行为，它必然会造成能量的释放或紧张的缓解——这个系统只能是在结构上充满矛盾又有组织条理的那一部分精神，也就是弗洛伊德所称的自我（ego）。如果自我通过某个带有自恋意味的认同过程来建立自己，那么感知同一性的形成一定是这个过程的第一步，也是不可缺少的一步。刺激、印象、紧张感通过一个重复过程而变得可识别、可确认，在这个重复过程中，被重复之物越来越被趋于理解成同一个事物。"记忆"毫无疑问地会把迥然不同的印象记忆为感知对象或身份本体（因此它们从不会简单地直接呈现给意识，而总是已经经过记忆的加工）。通过这样对感知对象的（二次）认识组装，自我把它自身组织协调了起来。至少在这个初始阶段,对秩序的竭力争取必然导致他异性的退缩以及差异性对同一性的臣服。在这种争取秩序的情境下,感知同一性本身的创建,即认知对象成形的过程,以及与之密切相关的,该过程所涉及的认知,可以说都变成了那个自我——也就是精神中那个努力营造自我意识的部分——获取充满自恋的快乐的源泉。

对于这些方面,弗洛伊德从未有过充分明确的论述;然而到处都含蓄地体现出这样的思想。例如,在《超越快乐原则》的开始,在一个位于脚注内的评论中,他说:"可以肯定,重要之处在于,快乐和不快乐(Lust und Unlust),作为有意识的感知,被绑定(gebunden)在自我身上。"(《超越快乐原则》,p.5)当然,问题在于能否将快乐和不快乐设想为独立于自我而运作;换句话说,就是能否把"紧张感的缓解"解释为处于某个过程之外的存在,因为主体通过那个过程来让自己完成对一致性的认知:先是把一致性看作一个被感知对象,占据着某个固定位置,然后将其看作它可以侵占(besetzen:"贯注""投入")的地盘。

所有这些无异于对大家普遍持有的关于弗洛伊德思想的观点做出了修正。在此之前人们认为弗洛伊德的思想是二元的,由多个相互对立的范畴构成,诸如初始/次级过程,快乐/现实原则等;如今这些二元对立将不得不在自恋的矛盾心理构成的充满冲突的连续形态中重新确立其位置。这样,弗洛伊德的思想就不再是静态的二元对立,与此相反,它会根据那个动态不统一的典范来发展变化,而自恋正是那个动态不统一体中有组织条理的那一部分,尽管有些含混不清。因此,"快乐"不再是某个自我认同的系统的属性，不如说，它是自我为了组织建立这样一个系统而精心做出的努力的结果。简而言之，快乐必须被重新认定为自恋，因而也可以说是自我的一个产物。

至此，我们在先前对弗洛伊德的游戏理论的讨论中已经证明，小孩在游戏中获得的、主要在于重复和认知的所谓的"纯粹的"快乐，也正如弗洛伊德表明的那样，不可能与后来的理性的、批判性的智力的发展相抵触，因为后者实际上就是充满自恋的对同一性的认知和重复过程的延续，并已贯穿于它所取代的那种早期游戏；认知的形式发生了改变，但它的本质功能没变。具有决定作用的是这样一种能力：首先以词语的形式，然后以该词语所指的对象来对事物进行辨认、识别并重复的能力。这个认同过程也丝毫没有忽视这两者之间的诸多差异，而是考虑到这种于差异中认识一致性的能力方面的增长（或许从另一层面来看，是排除和吸纳、压制异己的能力的增长），自行默许了对这些差异的严格认定。先言语化表述，然后赋予概念，但前语言期和语言期的游戏的乐趣（例如，对声音或图像的相似之处的认知带来的乐趣）不会就这样简单地结束，而是会通过延伸自我的"掌控"范围，加强对他者的控制，以便从言语上裁定他者和它自己的同一性，从而延长自我的那种充满自恋的乐趣。

总结如下：尽管在《梦的解析》中，弗洛伊德称理性思考是"虚幻的欲望的一个替代物"（S. E. 5, 567），但那并非简单地从一个有局限的，功能主义者的（幻觉上的欲望实现和理性思考都有同样的目的，就是缓解紧张感）意义上而言，而是因为两者都展现了同一个总体过程，即对他者做出认同式的占用，为那个充满自恋的构建自我的行动提供服务，两者都通过这一过程来努力实现那个目的。

我们只需将这个总结和德勒兹的叙述进行比较，就能意识到它所产生的问题。在德勒兹看来，在弗洛伊德的理论猜测轨迹，即从绑定到重复再到死亡本能的发展过程中，发挥作用的是一些很难进一步做出分析的东西，也就是"超验的—哲学式的"猜测，对某个理论根基的追寻，这种追寻不可避免地会一头栽入毫无根基的、深不可测的悬崖之中。相比之下，我们在解读中看到的，却是猜测的一个表现方面：自恋试图再次发现一致性的努力，对于其他人的理论中存在的这一现象弗洛伊德马上会提出批评，对自己的研究工作中的同样做法却总是努力进行辩护。因此，所有的重复必然涉及的那个更早期的、古老的时刻并没有像引领德勒兹那样，带着我们来到那个深不可测的悬崖，而是让我们看到了自我表现出来的那个尽管想法有些模棱两可，却更为肯定地存在的、作为"快乐原则"之充满矛盾性的前提条件的自恋。

因此，如果重复走向自恋，那么死亡本能呢？它阐述的，或者描绘的是完全不同的东西吗？法国的那个弗洛伊德门徒对这个问题做了积极响应，作为支持者，他在讨论中经常提到"沉默"——弗洛伊德把它归为死亡本能特有的属性，认为"死亡本能在本质上是沉默的（stumm），生命之声一般来自爱欲"（S. E. 19, 46）。"'这个超验的、沉默的实例'（德勒兹语）可能正是自我所用的自恋式语言的另一种表现形式"，这样的含蓄表达，至少从弗洛伊德的视角看，其可能的依据会是什么呢？

也许只有这个：如果我们仔细聆听，或者更确切地说，认真阅读，我们可以注意到，正是死亡本能的沉默（Stummheit）排除了它为它自己发声的可能；它不可避免地依赖于另一个话语才能被看到或听到。而这个话语绝对不可能是无恶意或中立的，无论它多么努力地想要在它试图表达的"沉默"面前隐藏自己的存在。死亡本能可能不会说话，但是在一篇理论性和猜测性话语中的死亡本能理论表达却不会沉默。坚持某个对象的沉默，同时又为这个对象说话，不管它是什么，这无疑就是一个典型的理论上的Fort-Da（消失—再现）游戏：现在你看见了，现在又看不见了。这样的游戏毫无疑问有它自身特殊的发展历史，我们很快就会发现这一点。

无论如何，死亡本能沉默的感染力依赖于刻画死亡本能的文本的某种非可读性。只有这样一种非可读性，才能使这样的转写貌似可以接受，也就是把死亡本能转化为这样一个术语，犹如一个咒语，终止了某个行动，哪怕它是……无法终止的。

因为只有这样一种非可读性，才能够无视那些冲动的做法，这些冲动迫使弗洛伊德越过快乐原则提出重复概念，又越过重复走向死亡本能，并进一步推动他超越死亡本能"本身"，朝着一个非常不同的"地方"进发，这个"地方"和德勒兹所说的超验的"深渊（Abgrund）"鲜有共同之处。那个其他地方远远称不上玄奥深邃；它甚至几乎也不是"扁平"的。

虽然，我们已经迫不及待地出发，但面前的这条道路却需要更多的耐心。让我们来重新阅读《超越快乐原则》，先从弗洛伊德对重复的讨论开始，这毫无疑问，而且也是最主要的，是对它的强制性（Zwang），也就是对它运用的强迫性力量的讨论。尽管德勒兹很想快速跳过经验和实证观察问题，直接来到他认为本质上属于超验构造的重复概念本身所在，相比之下，弗洛伊德本人的行动要显得乏味古板多了。他把对重复的讨论置于一个更为熟悉的领域，即分析过程所在。该领域值得关注，因为在这里，而且也只有在这里，弗洛伊德才发现他认为可以证明让快乐原则失效的重复现象存在的决定性证据。而这种证据出现的确切位置，也就是出现强迫性重复的场景，不是别的，正是精神分析的移情场景：

> 病人无法记住内心被压抑的全部内容，而他无法记住的内容可能恰是最重要的部分，因此他**不确信分析师构建并传递给他的整个过程是否正确**。他被迫将被压抑的材料作为当下的体验来重复感知，而不是像分析师想看到的那样，将它作为过去的一部分来记忆。（《超越快乐原则》，p.12）

这里的强迫行为就是精神分析对象重复过去的经历，而不是记起过去的经历（也就是说，在记忆上没有认出过去的经历）。但是我们对移情的力量的感知，并非仅仅在于它有能力避开受分析者的记忆；同样重要的，还有移情之重复将其自身强加在分析师身上这种做法，对于分析师来说，"更希望看见"病人记住而不是无意识地重复过去。分析师的目的在于引起病人对重复的认知："他必须使患者……认识到那些看起来真实存在的东西实际上只是某个被遗忘的过去的反映。"(《超越快乐原则》,p.13)因此分析师想要的重复是这样的,即重复就是被看作真正意义上的重复,过去被当成过去再次呈现,也就是说,被记住,被认同。正是对重复的这种认定——作为一个认知对象,与其自身一致——赋予了分析师"一定的优越感",弗洛伊德在他关于辩论术(前面曾有引述)的讨论中,把它看作精神分析情境的一个重要方面。然而,现在我们和弗洛伊德都发现,恰恰是移情这个撬动精神分析的杠杆想要对这种"优越感"提出质疑。移情使分析成为可能,同时也将分析置于危险境地。因为移情明确指出了接受分析者的行为特征,也就是重复却没有察觉,而且会抵制分析师帮助其意识到重复而做出的种种努力,如构建某种解释。考虑到分析对象处于移情的力量的控制之下,在这种情况下,他(或她)可能会选择拒绝或忽视"分析师传达的解释构想",从而使分析师的意志或愿望落空。正是在这样的情境中,弗洛伊德似乎察觉到一种与快乐原则抗衡的、与重复有关的力量:

> 现在我们必须描述一下这个新出现的值得注意的事实,那就是强迫性重复也唤起了那些过去的感受,包括一些毫无快乐可能的感受,它们甚至从未带来满足感,哪怕是一直以来被压抑的本能冲动的满足。(《超越快乐原则》,p.14)

尽管弗洛伊德出乎意料地把精神分析中的这种移情现象解释成来

自一些从来不可能带来快乐的体验，这些体验的重复就此将快乐原则置于受质疑之中，他的解释在字面上却又是另外一番表述。因为病人的移情行为拒绝和反抗的快乐并非某个假设的过去产生的快乐——关于这种假设的过去的任何确切表达都只能是猜测——不如说是分析师自己的快乐，他看到自己的解释构想被病人抵制或无视，因为病人拒绝将重复看作重复：即把它看作同一性的多次再现，坚持要重复该过程，而不曾意识到自己在重复。这样看来，被移情重复置于被质疑境地的，不是快乐原则本身，而是那个分析师的快乐。

但是，尽管那个分析师的欲望就这样在他和病人之间通过移情产生的互动被牵涉进来，扮演了某种角色，尽管由于病人拒绝承认分析师的解释是正确的而使分析师无法享受被承认的快乐，对这位分析师——如果他的名字是弗洛伊德，尤其如此——而言，仍可以获得另一种快乐：认识到导致病人拒绝承认的背后原因的乐趣。正是精神分析对象的不承认现在成了这位理论大师新的认知对象。弗洛伊德呈现给我们的"新出现的这个值得注意的事实"就存在于他那个笃信不疑的看法之中，即这种重复的力量之源并不是自我——否则自我就是"抵制行为"的唯一来源——而是来自"无意识的、被压抑的东西（des unbewussten Verdrängten）"（《超越快乐原则》，p.14）。在此，弗洛伊德似乎理所当然地认为精神分析对象的自我绝不可能拥有足以拒绝分析师坚忍的意志的力量，除非受到其他更强大的力量的支援。

然而，当他试图找出这些力量所在——至少在精神内部——

他的观点就自相矛盾了，将强迫性重复描述成是"被压抑力量的表达"（《超越快乐原则》，p.14）。矛盾相当明显：因为假如所重复的体验或表达不能产生快乐，无论是从原初的还是"一直被压抑的本能冲动（selbst nicht von seither verdrängten Triebregungen）"的意义上说的快乐，那么，也就很难看出这种重复与压抑有什么关系。因为对于一个在某种意义上并非欲望对象，因而也不可能是快乐之源的事物来说，没什么可"压抑"的。

有人可能会禁不住猜测，是否正是由于这种矛盾迫使弗洛伊德超越快乐原则，提出死亡本能的概念。然而这篇文章并没有明确证据支持这一猜测：弗洛伊德一方面将强迫性重复描述成是被压抑力量的表达，另一方面又认为强迫性重复不受快乐原则的制约，但他似乎从未意识到由此带来的问题，毋庸说对这些问题进行反思了。他也从未对这个主张进行完善或缓和表述。相反，他干脆放弃了。这种做法让人想起了孤立机制，我们还记得，这种孤立机制给自我提供了一种替代压抑的方法。

对压抑的强调不可避免地会引向另一个方向，那就是对"婴儿期性生活"的讨论，一想到这一讨论方向，我们就会逐渐明白弗洛伊德如此奇怪地放弃这一主张的一个可能原因。因为对"婴儿期性生活"的讨论会由此进入另一个领域，而到至少目前为止，该领域仍然不可思议地游离于快乐原则和自恋概念的控制之外：婴儿期在性方面的努力的"失败"，"爱的缺失……在他们后来的生活中留下一个持久的自尊心方面的伤害，构成了自恋（的自我）身上的一道疤痕"。仿佛接着就可以从这些与自恋相反的场景中直接得出强迫性重复一样，弗洛伊德评论说，"少数几种强迫性重复会（在以后的生活中）定期地出现"（《超越快乐原则》，p.15）。

但是要想从这些自恋的"疤痕"中得出强迫性重复的结论，就其本身而言，可以说并没有彻底地脱离快乐原则。一切都取决于如何看待这些疤痕。刚开始，弗洛伊德似乎以一种极其现实的方式来构想这些疤痕："小孩身体发育过程中的经历"被认为是导致个体的自恋发展遭受创伤性挫折（reverses）的主要原因。大家可能会得出结论，认为成人会更容易克服它们。然而，弗洛伊德认为这种情况很少发生。实际上，如果真是这样，强迫性重复就会比实际情况少得多：弗洛伊德现在继续他的论述，引用各式各样的例子，均来自"非神经官能症患者的生活经历"。似乎突然之间，弗洛伊德发现到处都是他正在寻找的证据：

> 因此，我们都遇到过这样的人，他们的人际关系都有同样的结局：那个每过一段时间就会被他提携的门徒愤怒地抛弃的施恩者，不管这些门徒彼此之间有多么不同，而他则似乎注定要品尝被忘恩负义的痛苦；这个人，他的友谊总是以朋友的背叛而告终；这个人，在其一生中，于私于公，一次又一次地将他人推举到某个位高权重的位置，然后，过一段时间之后，又亲自推翻这个权威，换上一个新的权威；他还是这样一个情人，他的每一段情爱关系都走过同样的历程，出现同样的结果。(《超越快乐原则》，p.16）

弗洛伊德发现到处都存在……这种同一性：同样地充斥着忘恩负义、无耻背叛、反复无常、爱恨情仇——就像那个没有找到他一直在寻找的东西的小孩，注定要重复那个寻找过程，即使在他长大成人以后也是如此。当然，他自己并未察觉到这一点。这恰是精神分析师的切入点：他知道他在寻找什么，也知道别人在寻找什么。因为分析师就是那个知道所有这些故事的人，他确信它们其实是同一个故事。就算病人拒绝或忽视分析师的学识，这也是同一个老掉牙的故事，即"移情""抗拒"的一部分。如果这种抗拒抵制分析师为了开展治疗而采取的一切努力，那么处于强势地位的那个人就会"亲自推翻他树立的这个权威"，即"快乐原则"，取而代之以"一个新的权威"，那就是强迫性重复。但是，就像弗洛伊德的故事讲述的那样，这个新的权威实际上亦不过是同一性的又一个表象而已。

接着，弗洛伊德继续讲述他的故事，这一次不是来自精神分析的经历，而是来自"正常人的生活"。"例如，有这样一个例子，一个妇女先后嫁给了三个男人，每次婚后不久丈夫就病倒了，她只好服侍他直到去世（von ihr zu Tode gepflegt werden mussten）。"（《超越快乐原则》，p.16）弗洛伊德评论说。这个例子，甚至比前面几个例子给人的印象更加深刻，因为它造成了"一种消极体验"，在这种体验中，主体无法对她一再遭遇的这种命运加以控制。这种被动状态的主体是女性，这是一种偶然吗？

无论如何，所有她能做的，唯有服侍她丈夫直至去世（而不是像《标准版》所说的"在她丈夫临终前服侍他"）。就这样，在弗洛伊德讲述的这个表明强迫性重复无处不在的故事中，第一次出现了"死亡本能"的形象，蒙着一层神秘的面纱，表现为"三个先后娶了同一个妇女的男人"，每一个都被"这个妇女""服侍，直至去世"。

就这样，虽然弗洛伊德最初讲述的是男人，背叛和忘恩负义的故事，死亡跟着这个被动的女性进入了故事场景之中，或者说，以这个被动女性的面目出现。从这个角度看，弗洛伊德讲述的这一系列故事的最后一个似乎对前面所有的故事做了一个浓缩和总结：

> 泰索（Tasso）在他那部浪漫史诗《自由的耶路撒冷》（*Gerusalemme Liberata*）中，对这种命运（Schicksahzuges）的特征做了异常感人而富有诗意的描述（Darstellung）。主人公坦克雷德（Tancred）在一次战斗中，无意中杀死了穿着敌军骑士的盔甲与他决斗，同时也是他热恋的少女克洛琳达（Clorinda）。在她的葬礼之后，他跟跄走进那座让十字军感到恐怖的神秘魔法森林里。他挥剑向一棵大树砍去，但是从树干的创口处流出的却是鲜血，还有克洛琳达的声音，她的灵魂被禁锢在这棵树中，控诉他又一次伤害了他挚爱的人。（《超越快乐原则》，p.16）

这关于重复和死亡的第二个故事在意义上不再含糊其词：这一次，受害者不是被"服侍，直至去世"，而是被杀害，尽管是"无意中的"。坦克雷德表现出唯有潜意识才会有的举动：本人并不知情自己在干什么，而他的行为将会杀害他心爱的女子。这个故事，放在那个"服侍到死"的故事之后，两者形成了一种很奇特的对比。弗洛伊德声称，该故事代表的命运之列车（Schicksalszug）并非只是简单的命运再现，而是与女性相关的一种反复出现的死亡宿命：要么她杀死男性，要么被他消灭。但是没有什么比这个顽强的女性更难消灭的了：你一旦杀了她，她的灵魂就会回来，"禁锢在一棵树上"；你"挥剑向那棵高大的树砍去"，就会响起一个声音，控诉你的无情。在这个最后的故事中，主体的行为实际上就是一种重复，但他积极主动地重复的，却是那个充满自恋的创伤，它永远不可能不留疤痕地愈合。

弗洛伊德讲述了这些疤痕的故事，但是他并未将这些故事解读成某些其他情况的信号，相反，他把它们看成是更多的同一性，看成是一种新的而且更强有力的权威论述的体现。

> 如果我们考虑到某些观察所得，比如这些来自移情中的行为以及描述男人、女人的命运的例子，我们可以大胆地假设说，在精神生活中的确存在着一种强迫性重复，它凌驾于快乐原则之上。（《超越快乐原则》，p.16）

虽然弗洛伊德很快就对他的"观察评论"进行了修订，声称"只有在极少数实例中，我们能够观察到纯粹的强迫性重复产生的影响"（《超越快乐原则》，p.17），而且，他还说，至少在儿童游戏中，强迫性重复"看起来似乎与本能带来的令人愉悦的满足"交汇重合在一起，然而，他讲述的这些故事已经产生了决定性的影响，打开了怀疑的大门，使人们对快乐原则这个"熟悉的原始动机"产生了质疑。

对弗洛伊德来说，他所讲述的故事并非自恋叙事的不同版本，而是某个完全不同的概念的依据。然而，当他试图描述其中的差异时，却变成了更大层面上的同一性："要判定强迫性重复理论假设——一个看上去似乎比它否决的快乐原则更原始、更基本、更像本能的概念——正确与否，仍有太多需要解释的方面。"（《超越快乐原则》，p.17）对弗洛伊德来说，这些故事已经完成了它们的使命，好奇心已经被激发起来："如果大脑中的确有一个强迫性重复法则在运作，我们一定很乐于知道它的一些情况。"就这样，他"观察到了"那个难以观察到的现象——快乐原则从精神分析和现实生活中走开了（Fort!），做完这一步工作之后，对那个将快乐原则逐出其中的未知世界（Da!）的探寻就可以开始了。

离开!

弗洛伊德以观察报告的形式讲述了自己的故事之后,终于可以郑重其事地开始了他的猜测游戏。他坚决声称,到目前为止,任何论述,包括强迫性重复假设在内,均或多或少地直接来自观察。相比之下,猜测并不是由实证数据决定的,而是"由于好奇某个想法会把我们引向何方,而持续一贯地对其进行探究"而形成。

但是,是什么让他对该想法的探究保持持续一贯(konsequent)的呢?是什么在控制和规范构成这个思想"运用"过程(Ausbeutung)中产生的种种思考的顺序和连贯?似乎没有别的,唯有遵循一定的自我重复规则:"除非将事实材料和纯粹的推测(mit bloss Erdachtem)反复进行组合,进而在观察中广泛地发散推断,否则不可能对这样的想法做出持续深入的探讨。"(《超越快乐原则》,p.53)想要研究探讨强迫性重复概念,就不可避免地要忍受那种强迫性的重复活动,即反复通过不断变化的组合来分析研究,进一步地脱离"观察",而这种"观察"对弗洛伊德而言本应该是证明自己并非猜测,化解自恋指责的灵丹妙药。由于没有如何才是观察的衡量标准,或者与观察的标准相距甚远,这种重复再现了想要重复的冲动欲望的猜测只能根据它自身运作的一贯性或结果作为指标——也就是说，按照逻辑无矛盾性法则行事。正如我们看到的那样，这一矛盾特质破坏了对强迫性重复的第一身份设定，即强迫性重复既是一种不受快乐原则约束的力量，又是被抑制力量的一种表达。然而，由于抑制作用一贯被认为是在快乐原则的支配之下运作，因此，在一贯性原则的要求下，弗洛伊德不得不为强迫性重复的力量寻求另一个起源。这个另一起源是弗洛伊德从本能的"倒退"倾向中推断出来的，不仅是为了减少紧张感（"快乐"），而且是为了再现（重复）事件的某个早期状态。简而言之，弗洛伊德把快乐原则放在时间关系中，随着时间的推移而变化，完成这一步之后，只需要"致力于探讨它的逻辑结果，即假设一切本能都倾向于回到事物的某个早期状态"（《超越快乐原则》，p.31），以便发现造成强迫性重复的决定性的最终起源。

那么，让我们假设，一切有机体的本能都是保守的，形成于某一历史阶段的，并且朝着回归方向，恢复到**某种较早时期的状态**……那些本能必定会给人一种假象，让人以为它们是在努力追求改变和进步的力量，其实它们只想**回到同一个古老的目标**，不管所循道路是新还是旧。而且我们可以确定**这个最终目标**。假如这个生命的目标是迄今从未实现过的一种状态，那它和本能的保守天性是矛盾的。因此，更确切地说，它一定是某种古老的状态，一个始发点，生命**一度离开**（einmal verlassen hat）了那里，又沿着各种曲折迂回的发展道路努力到这个出发点。一切生命都**出于内在原因**（aus inneren Gründen）而走向死亡——重新回到无机状态——如果我们可以这样假设，且毫无例外，那么，我们只能说，"一切生命的目标就是死亡"，再退后一步说，"在生命出现之前，无生命就已经在那儿了（war früher da）"（《超越快乐原则》，pp.31-32，加粗部分是我强调的重点，画波浪线部分是原文强调的重点）。

在这里，弗洛伊德关于强迫性重复的起源的论述，遵循的正是那个被称为持续一贯性猜测方式的反复组合过程：这些本能刚开始时被描述为"恢复到某种较早时期的状态"；然后该状态又刻意地被重新定义为"一个古老的目标"；接着这个模糊的说法又被换成了更明确果决的"最终目标"，所在位置也更为确定，在接下来再次出现时，它变成了生命本身的"某种古老的状态，一个始发点"。最后，这个始发点被赋予了一个恰当的名字，"死亡"，以及一个恰当的地方：那儿（da），在生命出现之前。

重复就这样被放到了它自己的位置上，那儿，在生命出现之前。从这个地方，这个绝对的起源之地，生命可以被极其一致连贯地确认为那个地方合乎逻辑的发展结果，从那个地方来，到那个地方去。通过将"有机生命的本能欲求"一路回溯到那儿，来到那个它们不复存在的地方，弗洛伊德似乎完成了这个完美的"Fort! Da!（Fort，离开，消失；Da，在那儿）"理论游戏：生命消失在"那儿"，不是Da!时就是Fort!，弗洛伊德告诉我们，这个

Fort!就是Da!，既体现在生命出现之前在那儿，又表示生命期间保持在那儿——因此可以说，生命"出于内在原因而走向死亡"。

弗洛伊德的起源理论向我们展示了一个内部一致连贯的模型：本能的重复行为被回溯到某个唯一（one）、单一且自我认同的起源上，即Fort!，它过去在那儿，现在还在那儿，将来会在那儿，说来说去，归根结底，之前，期间和之后都在那儿。

现在只有一个问题：关于那个"唯一（one）"的问题，或者更确切地说，是关于"有一次（Once）"的问题。就是说，这个故事的问题在于，它不仅仅需要一个"唯一（ein）"——一个起源——还需要一个"有一次（einmal）"。而弗洛伊德提出的那个极其一致连贯的起源推断遗漏的正是这个"有一次"（mal，有一次，曾经）。那就是da，在那儿，它清楚地体现在文字中，但它却位于某个很难明确的地方。因为那儿的Fort!是一座用身份认同构建的堡垒，它的城墙是如此坚固而难以穿透，看起来似乎不可能有任何生命从中出现。然而，我们却被告知"生命曾经有一次离开"那个地方，而在此之前一直待在那里。简而言之，问题就是弗洛伊德的Fort!没有留给"Mal（曾经，有一次）"任何可能的空间：把重复回溯到它的起源后，他没有给生命的痕迹留下空间，而没有这样的空间，生命永不可能出现。因此，弗洛伊德的Fort!看起来开始不太像一个出发点或最终目标，倒是更像那些神秘的、无法观测的、宇航员称之为黑洞的东西，他们猜测，这些黑洞能够将任何可见的东西吸入它们那片无法被看见的区域中，任何东西，包括生命，甚至光线本身，都无法从中逃脱。

弗洛伊德的猜测性理论架构同样也面临这种命运的威胁：它似乎排除了，或者至少说它无法解释的，就是抗拒这种吸力的力量，这种力量对于任何想要逃离那个起源性的"Fort!"的拉扯从而创建自己的存在的事物来说都是必需的。生命，以及伴随着它的死亡本能理论猜测，由于它内部固有和激烈变化的特质而会发生内爆坍塌。生命终究会变成一堆原子，就像什么也没有发生。

一个很奇怪的故事。然而就其本身而言，这绝不是某个想象力过于丰富的读者事后编纂的故事。或者至少，不是他一个人所为。因为，在弗洛伊德的文章中，也对这同一个问题有着清楚的论述。弗洛伊德跳出了名义上固守的一贯性原则，转而开始做出一些令人感到颇为奇怪，不像是理论论证，倒更像是故事的描述的行为，而让他不得不这么做的，正是这个与逃离这个猜测意义的黑洞吸入一切的力量相关的问题，对于这个黑洞，我们是否仍然可以像琼斯那样肯定地认为，这就是父亲形象？这些描述，也许更恰当地说，更像是一些记录了诸如死亡本能之类的理论猜测的故事。这些故事不再符合由开始、中间和结尾构成的充满自恋的方案构想，对此我们只要再去阅读一下弗洛伊德关于重复的起源的论述，不过，这一次我们要通过重新回顾在此之前遗漏的那个段落内容来证实这一点。

那么，让我们假设，一切有机体的本能都是保守的，形成于某一历史阶段的，并且朝着回归方向，恢复到某种较早时期的状态。由此可见，有机体的演变肯定是受到外来的、

> 破坏性的、分裂性的势力的影响而造成的。原始生物从一开始就从未想过要改变自己，若环境始终保持完全相同（sich gleichbleibend），它就会总是重复同样的生命过程。但是归根到底（im letzten Grunde），一定是地球的历史及其与太阳的关系，在有机体的发展过程中给我们留下了印记。这样强加在有机体的生命过程中的每一个调整变化都被有机体的保守本能所接受，并被储存起来以供进一步重复；那些本能必然会给人一种假象，让人以为它们是在努力追求改变和进步的力量。(《超越快乐原则》，pp.31-32)

这样，我们看见，弗洛伊德既没有忽视也不曾回避这个黑洞在猜测上的两难处境，这个Fort!是如此地坚固，始终如一，自给自足，它被认为是生命之起源，但生命却绝无可能从中突破。为了解释生命的起源，弗洛伊德必须放弃坚持通过把重复回溯到某个不能再进一步追溯的初始状态来理解重复的做法。简而言之，弗洛伊德必须放弃将重复视为一种同一性运动——简单地说，就是把它看作严格意义上的重复本身——的企图，相反地，应该试着将重复看作一种背离。为了这么做，他必须将这个起源进行分割，这样这个Fort!的护墙对于外部力量不再是难以穿透，否则若没有外部力量的影响，生命永远不可能启程。除非有一个双重或分裂的起源，一个被"外部"力量——也就是那些在我们身上留下印记的外部影响——干扰和破坏的起源，因为只有作为这样一种起源的结果，才能把这些本能看作重复。然而，它们重复的，不再是简单的"同一性"——那个就是Da!的Fort!——而是一个就是"fort"的"da"：在别的地方，然而也是在这儿："修改"或"变更（Veränderung）"作为某个不可减少的他异性的印记（Abdruck），不断地得到重复。因此，赋予这些本能以它们独有的特征的，就是这个印记。总之（im letzten Grunde），这些本能重复的既不是立场也不是鸿沟，而是一个情绪激烈而粗暴的题刻留名、篡改变更以及最重要的，是一个叙述过程。

最后提一下，关于弗洛伊德的大多数哲学解读似乎都令人很难相信，这恰是因为，归根结底，最终依据（the letzer Grund）总会被构想成某个概念，总是存有疑问，一个难以明确的深渊（Abgrund）。

总之是在某个过去时刻（Irgend einmal），无生命物质中的生命属性被某个迄今我们仍无法完全想象清楚（unvorstellbar）的干涉力量唤醒了。或许这是一个与后来允许意识从生命物质的某个特殊组织层面诞生的过程非常相似（vorbildlich ähnlich）的典型过程。迄今为止一直处于无生命状态的物质由此出现了紧张状态，这种紧张感力图自我消除（sich abzugleichen）；于是第一个本能就出现了，即回到无生命状态的本能。那时，生物是很容易死亡的——生命的历程可能只是其中很短一段时间，其发展方向由年轻的生命的化学结构来决定。在很长一段时间内，生命物质可能就这样一遍又一遍地（immer wieder）更新再生，又很容易死去，直到某些重大外部影响改变了它们，迫使这些活下来的生命体更大地偏离（immer grösseren Ablenkungen）最初的生命历程，并且沿着更复杂迂回曲折的道路（immer komplizierteren Umwegen）到达死亡目标。这些通向死亡的迂回曲折的道路被保守的本能忠实地保留了下来，也就是今天呈现在我们眼前的芸芸众生形象。（《超越快乐原则》，pp.32-33）

弗洛伊德努力将那个外部破坏性力量实施的决定性的而又很难想象（unvorstellbar）的干涉人格物化，将它描述成某个事件，最终做出了一个故事般的解说，它的开场表达，"Irgend einmal（总之是在某个过去时刻）"，令人想起了童话故事中一贯使用的"很久很久以前（Es war einmal）"之类的话。当然，弗洛伊德的故事并不能构成一个解释：对一系列同样表现出某种混乱特质（甚至更加偏离，更为复杂迂回）的强化手段的描述并不能用来解释那个把相同重复变成差异重复的过程。在这里，和其他地方一样，这个故事又一次让我们走向那个我们一无所知的"大写的X"，还有能量和紧张状态的增长，以及那些外部影响的自我改变，它迫使相同重复偏离自身而变为不同。因此，弗洛伊德的故事仍在重复一个我们已经变得熟悉的问题，但是，它也从两个方面对这个问题做了变化：首先，将它描述成那个（无法呈现的）生命本身的起源，进而把它说成精神生命依存的、外在的、真实的基础；其次，暗示这种难以呈现的起源本身就是意识之起源的一种预先成形——效仿样板（vorbildlich ähnlich）。简而言之，就是含蓄表示这个难以呈现的（生命的起源）可能就是表征内容本身的一个表征。

如果弗洛伊德关于生命起源的故事可以由此被描述成一种可能的意识起源的模型，那么意识就可以被看作生命的一个重复。这无疑就是弗洛伊德用"vorbildlich（典范，样板）"这个词想要暗示的发展顺序：如果生命的起源和意识的起源非常相似，那就是因为意识重复了生命过程，意识紧随生命出现，是生命继续发展的结果。当然，这是唯一合理而始终如一的关于意识和生命的关系的构想：先有生命，而后有意识。但是尽管从传统心理学上来看，这个发展顺序站得住脚，对于精神分析来说却并非显然如此——首先，是因为不再可能将心理王国等同于意识或表象领域；其次，因为构建本能，进而形成心理结构的重复机制与同一性法则及非矛盾性法则并不一致，而后两者却是意识遵循的法则。意识与生命、表象与存在的对立，正是被这样一种叙述所扰乱，这种叙述将重复回溯，认为重复是一些外部力量施加的神秘莫测的干预造成的结果。

那些外部力量留下了它们的印记——有待于我们去破译，或者确切地说，是重复——将它再次印刻在其他地方，也就是说，重新讲故事。

在任何情况下，可以确信的是，如果我们希望更多地了解这个很难想象的（unvorstellbare）干涉和印刻过程，我们别无选择，只能回到弗洛伊德对意识的出现的解释中，就在描述生命的故事的前一章节。在《超越快乐原则》的第四章，在他正式宣布开始他的猜测之后（"接下去的内容是我的猜测"），弗洛伊德开始讨论意识的界限，这也是心理分析一直要质疑的对象。这些界限——弗洛伊德试图通过强调意识所处的特殊位置来精确定位——坐落于"外部和内部之间的前沿地带"。弗洛伊德认为，要想理解意识，必须从拓扑结构学的角度来想象意识，因为它的边界位置决定了它的功能在于传递"来自外部世界……的感知，以及只能发自心理器官内部的快乐和不快乐的感觉"。[1]为了完成这个任务，意识必须保持它的接受能力和敏感性，因而它不能累积"持久保留的痕迹（Dauerspuren）"，那样迟早会使它饱和，从而降低接受新刺激并传递它们的能力。因此意识就与记忆，这个痕迹的守卫者处于对立状态，实际上意识被描述成"在记忆的痕迹里"出现。（《超越快乐原则》，p.19）尽管弗洛伊德在这里回到或重复了他于1895年撰写的《科学心理学规划》中的论点，但这不仅仅是又一次的相同反复。因为通过将重复本身作为本能的基本特征来探讨，弗洛伊德的所有早期概念就都呈现出了新的意义。弗洛伊德声称，意识在记忆的痕迹里出现——也就是说，取代它并占据它的位置——他是想要表明，意识表达，即它的感知，包括那些对

---

[1] 见《超越快乐原则》，第18页。拉普朗切在他关于焦虑的系列讲座——见上文，"长绒卷毛狗"一章第7条脚注——中强调，意识作为外部和内部作用的接收者，具有双重功能，这就要求我们对它进行拓扑学上的解释，它不仅仅只是一个表层，而是有一定的深度——这正是弗洛伊德在《超越快乐原则》中所认为的，我们应该有机会看到。因此，拉普朗切提出，正如弗洛伊德所设想，可以将精神器官比作一种桶或槽（"bacquet"）。参见拉普朗切的《问题讨论班第一：焦虑》，第178页及其后。

快乐和不快乐的感知，都是某个重复（某个记忆痕迹）产生的结果，该重复本身不能被简单地归结为遵从某个表象逻辑。这种重复，这种记忆痕迹，通过一定的表现形态来发出它们的声音，而这种表现形态只能是一种猜测性的叙述。而实际上，这正是弗洛伊德接下来要做的。弗洛伊德并未寻求通过遗传学上的证据来描绘意识的出现过程，相反，他通过唤起我们的想象，我们形成表象的能力，来描绘意识的起源。

> 让我们把最简单的生物体想象成一个由兴奋性物质组成的未分化的囊泡（Blächen）；它的表面，由于暴露于外界，便因其特殊地位而发生分化，成为一个接受外部刺激的器官……由此，很容易想象，由于外部刺激对囊泡表面持续不断的影响，这些表面物质包括表面以下一定深度部分便发生了永久变化……由此形成了一个硬壳，它受到外界能量充分而彻底的灼烤（durchgebrannt），最终形成了最适合接受刺激的状态，无法做进一步变化。（《超越快乐原则》，p.20）

尽管这个生命的故事"令人难以置信（unvorstellbar）"，弗洛伊德在此让我们想象的无非是：一个没有分化的囊泡，一种水泡，或者也可能是一个水疱。或者是一个变成了水疱的水泡，经过"外部刺激"的摩擦，形成了一个外壳，这个外壳固化了其边界，根据意识和非意识——外部世界的强大刺激——之间的关系，来界定和组织意识。生命有机体中的意识出现过程就这样被打上了外壳之形成的烙印，这个外壳由不可再变的变化构成（让我们想起之前描述的，焦虑行为是他异性的改变）。但是，这些变化逐渐出现的过程，有机体的灼烤，仍需要做出详细解释，这迫使弗洛伊德继续讲述——也就是重复并更改——这个囊泡的故事。

> 对于这个具有感受外界刺激的皮肤层的活的囊泡，我们还有好多话要说。这一小块生命物质悬浮在一个充满着极其强大的能量的外部世界中，如果它没有防护刺激的屏障（Reizschutz）的话，就会被这些刺激杀灭。它获得这种屏障的方式是这样的：它的最外层表面丧失了生命物质应有的结构，就其本身而言变成了无机的物质，充当一个特殊的外壳（Hülle）或薄膜来抵御外界的刺激……然而，这个外层用自己的死亡（Absterben）拯救所有更深层的东西，使它们免遭同样的命运。（《超越快乐原则》，p.21）

在讲述这个意识的故事的过程中，弗洛伊德重复——或者说提前讲述了——这个他在后面将会讲述的关于生命本身之起源的故事。只是在这里，故事被对这种变化的解释本身改变了。因为，现在这个外表皮的灼烤以及变成一个防护层的过程，被描述成了一个死亡过程。外层用死亡来拯救内部组织：外壳为了保护内核牺牲了自己。但是，那个死亡过程现在被讲述成非常不同于弗洛伊德随后即将描绘的、"返回"一种无机状态的说法。在这里，走向死亡标明了有机体应对外来力量的巨大冲击的反应方式，一种阻止了进一步变化的变化过程。因此，从囊泡的意义上看，死亡就是改变这种变化，直到不再出现任何"更深入持久的改变"（《超越快乐原则》，p.20）。

当然，通过这样的方式描述意识的出现，与其说是回答问题，不如说是制造问题。因为弗洛伊德在这里让我们想象的意识和我们通常所称的意识相当不同；它完全不是任何东西的意识，更不像自我意识。不如说它是一种防御性的屏障，无法形成任何知觉、感受，或记忆，一个由不可改变的变化构成的防护罩。这个防护罩既可以抵挡过度刺激——若没有防护它们就会对有机体（精神）造成创伤——同时也能够将刺激从外部传递到有机体内部。这个兼有保护和传递作用的双重功能，就是该刺激防护装置被要求实现的。当然，问题在于它如何实现这一点。

刚开始，弗洛伊德试图将这个刺激防护装置的运作方式等同于初始过程的模式，在初始过程中，"没有被绑定的能量，只有能够自由释放的能量"（《超越快乐原则》，p.21）。然而，他在讨论过程中，很快就发现，这样的一种状态完全不能充当符合要求的防护和过滤装置；实际上，能量的完全非绑定状态恰恰就是有机体想利用这个刺激防护装置来躲避的那种"危险"。面对这个创伤问题，弗洛伊德被迫承认，保护有机体免遭过度刺激的伤害，必须"掌握突破防护外壳闯入内部的刺激的数量，并从精神的意义上绑定它们，以便将它们清除掉"（《超越快乐原则》，p.24）。

尽管这个刺激防护装置以死来挽救我们的灵魂，对于这个死亡，并不能如弗洛伊德一开始想的那样，把它解释成某种完全没有活力的物质的形成，相反，必须将它设想成能量绑定能力的一种发展形式，反过来这种能力意味着静态精神贯注的形成，因为一个系统绑定能量的能力的大小和"该系统自身的静态精神贯注"成正比。难怪，就在这个讨论之后不久，弗洛伊德提到了我们现在已相当熟悉的那个"大写的X"。对刺激防护装置的分析产生了一个矛盾的结论，即有机物质的某种死亡在本质上就是某种能量的绑定。这就是说，意识从躯体的死亡中复活必须同时包含能量的绑定以及传递（也就是某种松绑），而且两者必须是一次性、同时发生。

然而，这等同于表明，这次不可能简单地一次性、同时发生。在讨论这个刺激防护装置履行其保护职责的运作机制时，弗洛伊德插入了一个带有括号的评论，该评论暗示了这个问题的一个可能的解决方案。他提醒我们说，潜意识是没有时间性的。他接着说："我们对于时间的抽象观念，似乎完全源于前意识系统的运作方式，而且与它自身对那种工作方式的感知一致。这种作用模式也许是另一种抵抗刺激的防护方式。"（《超越快乐原则》，p.22）

按照弗洛伊德的这一评论，"我们对于时间的抽象概念"可能就是意识给自己展示它自身的一种方式，也就是它的运作方式。但无论是这个运作模式本身还是它把自我展示为时间形态的独特做法，都是那个刺激保护装置本身的不同表现方面。通过根据时间来处理、安排刺激，意识就可以把能量绑定，从而保护精神免受过度刺激的伤害。在他的《超越快乐原则》一书中，有这么一段话：大量的未曾绑定的刺激需要接受某个"取样检查"过程，对于这个过程，弗洛伊德将它比作"试探触须"，它们总是在不断试探性地向前去接触外界，而后又缩回来（《超越快乐原则》，p.22），就在这段话的前面，弗洛伊德描述了前面所述的保护措施的总体运作机制。但是弗洛伊德从数量和空间的分类范畴来描述的这个取样过程，在他的研究中，也和信号的形成以及思维本身有关。在《梦的解析》中，他这样写道："思维活动之目的必定是为了尽可能地将自身脱离不快乐原则的独占性管制，并把思维活动中的情绪反应的发展限制到仅供作为一个信号所需的最低程度。"（S. E. 5, 602）如果这个出于保护需要而实施的取样行为在对刺激的定性方面必然会生成信号——因而，带有倾向性地，它们往往是一些危险信号——那么这些信号的形成过程就和某个按时间编排的结构各部分的衔接关联契合一致，这种时间结构能够延缓过度能量刺激在精神创伤方面的影响，于是这些影响就可以被投射到精神立场的外围、前面或后方（象征未来或过去）。

因此，这种赋予时间属性或延缓的取样行为（即信号形成过程）所表现出的形态，不是别的，就是讲故事，经过这样讲述之后，他异性被平复下来，并被组织纳入（到同一性之中）。而后，"死亡本能"只是某个故事，某个试图将他者组织收编起来的故事的又一个名字，这种组织过程正是通过对他者命名来实现。但是在讲述他的那些故事时，弗洛伊德不可避免地命名过多——也太少："我们的地球与太阳的关系"，与那些"外部的、破坏性、分裂性的势力"，与那个"仍然完全无法想象的力量"的关系，仍有待于想象。这就是为什么弗洛伊德必须继续猜测下去，以充分表达他的全部想法。因为还有一个故事要说。

猜测：通向完全不同的道路

在不断的猜测中，弗洛伊德试图对重复这一概念进行全面彻底的思考，深入探究其最终结果，而这种努力却导致他对"我们对于时间的抽象概念"提出了质疑，然而，这只不过是延续了一个和精神分析思想本身一样古老的疑问。早在《梦的解析》一书中，弗洛伊德就认识到，他"试图更深入地探究梦的过程中的心理学特性"所面临的一个主要困难，在于有必要"通过理论描述上的连续衔接，提出一种具有高度复杂的内在相互关系（Zusammenhang）的同时性"（S. E. 5, 588）。他后来为了构建出一个精神结构形态而付出的一切努力，都见证了该"同时性"及其指定的空间的复杂性。尽管弗洛伊德的精神概念所指的这个空间很难描述——很不清楚（unanschaulich）和难以想象（unvorstellbar）——那是因为它是冲突过程的舞台表演空间，它更多地体现在冲突过程产生了它们所占据的位置，而不是在其中上演冲突过程。精神分析试图阐述的此类冲突的上演表现为错位紊乱（Entstellung），而且这只能影响精神分析拓扑结构试图明确的那些精神"位置"的本性。在传统概念上，"同时性"是指自我同一的各要素的共存，每一个要素都在各自正确的位置，但这种精神空间的错位破坏了这一概念；实际上，正是这个"正确的位置"的概念被某个充满矛盾冲突、不断变化的移置所取代，这种移置动作和传统上认为时间是线性的、不可逆转的连续过程的概念格格不入。弗洛伊德的事后（Nachträglichkeit）概念，即"推迟"或"随后"，说明了这种时间连续性上的错乱，它不仅说明某些心理事件是如何"延迟"显示它们的意义——这一行为本身决不会破坏传统的时间概念——更确切地说，是指出了诸如梦或诙谐之类的事件是如何在其事后效应中并通过这样的事后效应才逐渐成形的，它们与这些事后效应有着明确的区别，然而又必须依赖于它们：对于梦来说，这种事后效应体现在对它的讲述，尽管对梦而言这是一种歪曲污损；而对于诙谐而言，则是那个笑声，尽管后者取代了该诙谐。这些事后效应随着前面的事件出现，并再现了该事件过程，但它们也改动了事件过程，正是这种重复性的更改替换过程，让事件产生了事实上的效果，在精神上有了"真实性"。

然而，如果精神"现实"的本质可以被指定为一种重复性的更改替换过程，那么精神分析理论解释中的问题就不再是"同时存在的"主题和"连续存在的"话语之间的差异。更准确地说，它包含两种不同重复——一个需要改变，另一个则需要认同——之间的关系。因此，要将他异性认同，只能是将它放在一个用来歪曲破坏其代表的对象的话语中来重复它。在弗洛伊德对强迫性重复展开的猜测道路上表现出来的东西就是这样一种破坏歪曲式的描述，它的表现形式就是那种想要讲故事，或者重新讲述某些故事的冲动。这些故事并非仅仅再现某个无法通过从概念角度进行分析这种直截了当的重复来理解的事件；它们彼此重复，以一种既依次按序又同步呈现的系列互相重复。这些重复讲述的故事，简而言之，构成了弗洛伊德的"猜测"的最终结果，出现于我们面前。

这就是为什么，在所有的话都说完，所有的工作都做完之后，仍然还有一个故事要讲；为什么说这个故事不可避免地是最具决定性的，其他的一切（发展）都取决于它。

> 因此，如果我们不想放弃死亡本能理论假设，我们必须从一开始就把它们和生本能联系起来。但是，必须承认，我们在这里要求解的是一道有两个未知数的方程。(《超越快乐原则》，p.51）

弗洛伊德以推测的方式把重复简化成了死亡本能理论的"Fort！（消失/离开）"，引领着他来到了一个地方——da（在那儿）——在这个地方，他发现自己不仅要面对那个盘踞在所有超心理学方程中的那个"大写的X"，而且还面临着它的重复，"一个带有两个未知数的方程"。也难怪，关于这个领域"科学告诉我们的是如此之少……以至于我们可以将这个问题比喻成一片黑暗，甚至于一束假设之光也无法透过（甚至都无法做出假设）"(《超越快乐原则》，p.51）。尽管科学的阐释也无法穿透这片黑暗，然而从科学的黑洞本身的意义上看，正是那种努力——努力将重复描述成源于死亡本能；努力想让这个起源能够被观察到——在某种程度上说，吸收了科学能够投射到它那难以领悟的Fort! which is Da!概念之上的所有光线。尽管快乐原则已经被证明无法对重复现象进行解释，就其自身而言，那个死亡本能假设的理论架构同样也是站不住脚的。即使是弗洛伊德在前一章节中评论的生物科学，也无法解释，在与死亡本能这个无法抗拒的力量的对抗中，生命是如何生存下来的。

因此，弗洛伊德别无选择，只能放弃Fort! that is Da!理论，转而到别处寻求答案。

> 在一个非常不同的场合，我们着实碰到了这样一种假设，然而，它是一种如此具有幻想色彩的假设——可以肯定的是，它更像一个神话，而不是一种科学的解释——要不是它满足那个**我们热切盼望的实现条件**的话，我就不敢在此引用它。因为它从事物渴望恢复到某个早期状态这个欲求中获得了一种本能。（《超越快乐原则》，p.51）

弗洛伊德需要另一种重复形式，以抗衡死亡本能代表的重复形式（同一性反复），这让他又一次返回到开始：回到某个特定的开始。然而，这一次，作为有机体，不是回到生命本身的开始，甚至也不是回到意识的起源：而是奔着我们的文化意识的开端而去，弗洛伊德发现自己无可避免地陷入其中。当然，这个开端是一个神话。因为，在弗洛伊德看来，只有这样才能"满足（fulfill）那个……我们热切盼望的实现条件（fulfillment）"。满足/实现（fulfill/ fulfillment）这个词的重复使用对于弗洛伊德这样擅长语言表达的人来说很少见，值得引起注意；可以肯定，它是欲望、追求之力量的证明，这一力量驱动着弗洛伊德努力向那个"非常不同的地方"前进，对于那个地方，他称之为"神话"。

然而，弗洛伊德刚对那个地方进行这样的命名，就立刻开始对这个名字进行掩饰，做出了如下托词进行澄清，试图收回他所说的话："当然，我指的是柏拉图借《会饮篇》中的阿里斯托芬（Aristophanes）之口说出的观点，它不仅谈到性本能的起源，也谈到了关于性本能对象的一些最重要的变化形态。"（《超越快乐原则》，p.51）因此，最终这个"神话"并不是一个神话，"当然"，更应该是一个观点，而且阿里斯托芬只是《会饮篇》的作者柏拉图的代言人。这样，在一定程度上，这个伪神话"离奇荒诞的"内容就在理论上得到了认可，因为弗洛伊德认定这个故事出自某个权威人物之口。可以推测这个人物比绝大多数人都更清楚地，自始至终都知道自己真正想要说什么。过一会儿，我们会回来继续讨论弗洛伊德认定故事的出处及认可其荒诞之处这一行为。现在，先让我们跟着弗洛伊德，沿着他开辟的路线一路前行，深入这个非常与众不同的地方，他以这样的方式理顺了它带有虚构色彩的起源后，接着开始讲述，或者更恰当地说，是复述这个故事，当然，几乎但又不完全用他自己的语言。

要知道，我们的身体在最初形成时根本不是现在这个样子，完全不同。首先，有三种性别，而不是像今天这样只有男性和女性；还有第三种性别，它结合了两者……两性人……不过，在这些原始人类身上，一切都是现在的双倍，它们有四只手，四只脚，两张脸，两个生殖器，等等。后来宙斯（Zeus）被说服将每个人一分为二，"就像把木梨切开来腌制那样一切两半……因为现在原先完整的形态被这样切成了两部分，对另一半的强烈渴望驱使（trieb）这两部分聚拢在一起；这两部分的胳膊相互交织，缠绕在一起，渴望再成为一个整体"。(《超越快乐原则》，pp.51-52)

弗洛伊德刚复述完这个故事，就急于给我们提供它在理论上的解释，试图通过解释，为他之前的那些猜测提供支持：

我们可否循着这位诗人兼哲学家的暗示，做出大胆假设，即在成为有生命的生命体的过程中，生命物质被扯开分裂成微小的颗粒，从那时起，它们是否就一直在通过性本能来努力追求重新结合？这些仍具有本能的微小颗粒——在其中仍然顽强地存在着非生命物质的化学亲合性——是否在它们越过原生生物王国的发展演变过程中，逐渐克服了由充斥着致命危险刺激的环境所设置的种种困难，并发展形成了一个保护性的外表皮层？这些被分裂的微小生命物质是否由此形成了一种多细胞形态，并最终以高度集中的形式，把追求再次

完整结合的本能转移到生殖细胞上？我相信，这就是我们最终要突破的地方。(《超越快乐原则》，p.52）

我们发现，弗洛伊德的解释只是给我们提供了更多的同一性的表达。弗洛伊德用那个"诗人兼哲学家"假借那个虚构人物之口发表的观点取代了那个"充满幻想意味的假设"，试图克服这种虚构性，重建虚构背后的真实：一个原始的连体统一体，"生命物质"，在它出生那一刻就被分裂成两半；于是，又一次地，重复出现了，这一次以恢复先前的统一形态，以"重新合体"的面目呈现。

尽管弗洛伊德试图借助这位"诗人兼哲学家"作者的权威为自己的解释增加可信度，然而这个动作姿态既是对他企图证明的观点——重复是一种同一性的运动，它创建了某个创始身份并试图回到这一身份——的重复表达，同时又推动这一观点的普及。作为那个"诗人兼哲学家"的思想表达，这些文字再现了他想要说出的想法：也就是，所有的再现都是某个原始本体的重复，它们都试图回到那个状态：对于恋人，就是他们初始的合体形态；对于生命，就是生命出现之前的死亡；对于文字，则是作者的原始意图。因此，弗洛伊德的解释以一个原始身份/本体——作者——的权威为先决条件，更准确地说，把作者的意识和意图作为他赋予文本的意义的基础和保证。那个意义的本质，或者意义解释本身，就是要让人看到，重复是根据原始本体确立的同一性的一种再现表达。

但是，在将阿里斯托芬的故事如此解释成一种同一性的重复时，弗洛伊德又相当奇怪地对故事进行了改动。我们只需要重新读一下《会饮篇》开篇的几行就可以发现，"什么人说什么话"这个问题设定了文字的风格特征，它设定这样的风格以避免可能被当作权威性论述。这就是为什么《会饮篇》中所有演说都以一种直接和间接话语混合的形式来记述的原因，但是，柏拉图，这位诗人兼哲学家，后来在他的《理想国》（Republic）一书中对这一形式专门提出了批判。①

当然，一般认为《会饮篇》是这位诗人兼哲学家的一部早期作品。但怎么个早法，这正是问题之所在。在文章一开始，阿波罗陀若（Apollodorus）告诉格劳孔（Glaucon），就在两天前，他给人详细述说了格劳孔要求他讲述的某个传闻故事。它讲述的是关于阿伽通（Agathon）举办的一次宴会的情景，格劳孔以为那是最近刚发生不久的事，而且还认为阿波罗陀若也在受邀请者之列。然而，阿波罗陀若对他的推定感到很奇怪，而阿波罗陀若的回答也让对方感到很惊讶，他告诉格劳孔说，自己并未参与这场宴会，也不可能受到邀请，因为那场宴会发生在很多年前，"那时我们都是小孩"（173a）。这表明，阿波罗陀若确实知道这个传闻，但也只是通过其他人，最有可能就是那个叫作阿里斯多兑谟

---

① 参见柏拉图的《理想国》；见《理想国Ⅲ》，第392—397b页，此处对叙事话语和模仿话语做了区别，后者被排除在理想国之外，因为在后一种方式中诗人"仿佛是以另一个人的身份发表演讲"（p.393c），这样通过模仿，就可以拒绝为自己的话语承担责任。因此公开的叙述是可以接受的，然而以模仿的方式，认为话语出自另一个人的做法必须受到谴责。

（Aristodemos）的人，他似乎的确参加过那场宴会。"但是即使阿里斯多兑谟也不可能还记得他自己说过的所有事情"，阿波罗陀若补充说，"不用说我更不可能想起他告诉我的所有事情了"。（178a）

这就是构成了《会饮篇》主要内容的演讲的起始点，因此，最难以确定之处就是弗洛伊德理所当然地认为很明确的地方：谁确切地说了些什么。因为所讲述的任何内容都只是某个重复的重复，也就是阿波罗陀若复述阿里斯多兑谟的话。而真正说了些什么可能永远无法确定，因为所有一切都发生在"很久以前，那时候我们都是小孩"。

因此，《会饮篇》以一系列的重复开始，很难知道这些重复停留在哪个地方，假如说有这个地方的话。相反，弗洛伊德却在寻找某个很不一样的东西：一个权威的关于重复的解释，而不是某个只是重复他人（可能）说过的话的人。因此，他需要寻找一些作者和权威人士，并据此找到了一位，即"维也纳大学的海因里希·戈姆培尔茨（Heinrich Gomperz）教授"，以借此确立该神话的真实可靠性。弗洛伊德引用该教授的论述，旨在将《会饮篇》中的神话故事确定为《奥义书》（*Upanishads*）中发现的某个更早时期神话的后续，这个更早的神话讲述了"世界从'Atman'（自身或自我）中出现"的故事，在一个很长的脚注中，弗洛伊德对此有详细讲述。

在戈姆培尔茨教授的科学权威性的支持下，弗洛伊德似乎又一次试图将这个重复（《会饮篇》中的神话）回溯到它的出处和起源上（《奥义书》），把它建立一种同一性重复。然而，就在刚开始不久，就出现了一些很奇怪的做法：弗洛伊德把"下列与柏拉图的（《会饮篇》）神话起源有关的建议"归之于戈姆培尔茨教授所述，以借助这位专家教授的权威性，但是当他紧接着阐述这些"意见"时（"我想请大家注意这样一个事实"），他却"只是部分引述他（戈姆培尔茨教授）的话"来说明。因此，事实上，在这个长长的脚注中，很难明确地分辨谁都说了些什么；就是说，在这一论述中，戈姆培尔茨教授说的内容到哪儿截止，弗洛伊德教授的话语又从哪儿开始——或者反过来说也一样——很难明确地分辨。当然，就脚注本身来说，这是一个无足轻重的问题，但却是权威性和真实性问题的关键所在，它变成了一个重要的，尽管不是决定性的问题。因为整个脚注主要是用来表明那个"柏拉图的"神话只是另一个更早时期的、具有永恒不变之清楚意义的故事的翻版，从而为弗洛伊德对该神话所做的解释编制权威可靠的证据支持。这就是弗洛伊德援引戈姆培尔茨教授的话的目的，虽然从结果来看这种引述是多么的含混不清。

我必须感谢维也纳大学的海因里希·戈姆培尔茨教授，他提出了以下有关柏拉图神话的起源的论述，在此我部分引述他的原话。需要指出的是，在《奥义书》中早已发现本质上相同的学说。因为在《奥义书》的1-4-3中我们发现了以下段落内容，其中有关于世界起源于"Atman（意为自身或自我，Self或Ego）"的描述："但是他（Atman）并没有感受到快乐（hatte auch keine Freude）；因此（darum）当一个人在孤单的时候是不会快乐的。于是（Da）他渴望有个伴。你看，他就像一个女人和一个男人相互交织在一起那样体形巨大。他把自身（Self）切分成两部分，并由此（Daraus）形成了丈夫和妻子。因此（Darum），这个身体与自身（Self）相比，可以说只是它的一半，雅各那吠库阿（Yagnâvalkya）这样进行解释。因此（Darum）女性就填补了这个另一半空缺。"（《超越快乐原则》，p.52）

毫无疑问，在这里弗洛伊德也认识到摆脱Fort! Da!理论毫无快乐可言的孤寂的可能性，并利用戈姆培尔茨教授的权威性，将其变成一种"There-fore（darum，由此）"理论，一个令人信服的从"那儿（daraus）"脱离的可能性。毫无疑问，这样一种神话诠释让弗洛伊德看到了他渴望实现的目标的一个翻版：仅仅依靠自身或自我，与全然只通过死亡本能一样，都不能促成快乐。因为，如果要想有快乐（Freude），那就必须有一个第二者，必须是一对，相反互补的一对，连成一体，无疑地，就是以神圣的婚配形式。另一方必须不一样，但是仍处于同一性法则的控制之下——这就是弗洛伊德的猜测渴望实现的状态。

弗洛伊德这样部分地引用另一个人的话语，复述了这个故事，不过，虽然这个故事支持了他这样一种渴望，但它也再次提出了弗洛伊德一直企图回避的那个问题：从本体同一性中创造差异体，对这一行为的充满自恋意味的解释，仍不能解释该创造——分离——行为本身。除非它指向快乐的缺失,这种缺失使那样的分离很有必要,但不一定能够让人理解。简而言之,"therefore(由于)"和"thereupon(于是)",也就是darum和da之间的间隔仍需要架设沟通的桥梁。然而,尚未有这样的沟通桥梁,这个Fort! Da!堡垒也从未被真正地突破。

这就是为什么弗洛伊德在发现这个他努力寻找的更早的神话起源时,感到欣慰的原因,也是他不能摒弃该起源的"柏拉图"翻版的原因。因为虽然这个给他提供了他想要的假设的故事是阿里斯托芬讲述的,但是弗洛伊德坚持认为阿里斯托芬只是那个"诗人兼哲学家"的代言人,众所周知,那个喜剧作家对柏拉图的话语并没有什么同感。然而,这种认为阿里斯托芬的话语是出自柏拉图之口的说法,只是弗洛伊德解读《会饮篇》时强加于它的"原始"文字之上的诸多改动之一。因此,让我们尽可能按字面意思来重新阅读原文,总之(im letzten Grunde),不要对归根结底真正是谁在说话,或者谁有最终决定权这类问题存有偏见。简而言之,就是让我们允许阿里斯托芬,至少在这一刻,允许他为自己说话,而不是代言。他这样开始讲述他的故事:"嗯,刚开始形成时我们的身体(body)并不像现在这样,与现在完全不同。"弗洛伊德引用了维拉莫威兹(Wilamowitz)的翻译版本,维拉莫威兹并没有将希腊文中的"physis"按常见的方式译成"nature(自然形态)",而是用更具体的"body"来表示。对于这个故事而言这是一个比较好的选择。与弗洛伊德声称的《奥义书》中那个起源相比,阿里斯托芬的故事所关注的不是"自身"或"自我"这样抽象或无形的存在形态，而是身体。他说的爱的故事从身体开始。当然，不是我们今天所了解的这个身体，而是一个"完全不同"的身体。"在很久很久以前……"

然而，当阿里斯托芬描绘出那些身体的模样后，我们发现它们并非如此地完全不同。所谓不同之处就在于某种复制：两个男性身体，两个女性身体，还有第三种情况，就是男女身体各一半，即所谓的双性人。在这些人类中，所有的器官都是双倍的，除了一个显著例外，就是头。可以说，他们只有一个头，在很久很久以前。

在弗洛伊德的猜测构建的语境中，在这种初始状态下，人们可能不仅想看到复制、加倍，而且还有重复。同一性的重复，从最初始状态就已出现的重复。但是，我们不应该直接跳到结论，而是先听听阿里斯托芬，听听他对他的故事的结局有何说法。按阿里斯托芬的描述，这个故事的寓意似乎和弗洛伊德的解释并没有很大不同：

> 所有这些行为的原因在于我们的原始身体是这样的，我们都是完整的，我们对完整性的渴望和追求就是我们所谓的爱。而在这样的爱之前，我已说过，我们是一体的，但是现在，由于遭遇不公对待，我们被宙斯分离并驱散于各地，就像阿卡迪亚人（Arcadians）在斯巴达人（Spartans）前四处逃散一样。（192-193a）

就像弗洛伊德以及《会饮篇》的绝大多数其他评论者一样[②]，阿里斯托芬似乎也非常明确地说，人类最初是完整且一体的，只是因为被"不公正对待"而受到天谴、惩罚，从原有的合体形态中被分离疏远；爱欲必然使人们努力追求回到这个失去的合体形态，恢复最初的完整性。至少，这是阿里斯托芬似乎想要说的。实际上，他并没有留给后人多少可质疑的空间：

> 如果我们能够成功地寻找到真爱，而且每个人都能找到独属于他的爱人，以便回到我们最初的自然形态，那我们的种族就会受到祝福。这当然是最好的，但在目前具备的普通条件下，最好的结果就是最接近那个理想状态，也就是找到最符合我们的愿望的爱人。因此，如果我们希望用歌曲来赞美那个赐予我们爱的神，我们实际上是赞美爱欲。今天，在带领我们寻找那些亲密爱人的过程中，爱欲给我们展示了如此众多的美好，同时也带给我们希望。在未来的日子里，只要我们向诸神明表达我们的敬意，我们的创伤就能够得到愈合，恢复最初的合体形态，并获得快乐和祝福。(193c—193d)

谁会愿意破坏这么一个快乐结局，或者说些不赞同的话呢？至少，似乎这就是阿里斯托芬设想的效果，因为在他明确宣示这就是他

[②] 然而，见斯坦利·鲁森（Stanley Rosen）的《柏拉图的对话》(*Plato's Dialogues*) 中关于《会饮篇》的探讨（纽黑文市，1968年）。

的故事的道德寓意之后，他立刻转向在他之前发言的演讲者，厄律克西马库（Eryximachos）医生，并另有所指地对自己的寓意做了一个评论：

> 噢，厄律克西马库，这就是我对爱神的看法，和你的看法相当不同。如我之前所说，请您别见笑。（193d）

考虑到这个请求之言辞恳切，阿里斯托芬对他自己的故事的评论现在看起来似乎有点巴结讨好的味道。而且，《会饮篇》的读者们已经知道，阿里斯托芬的担心也不是毫无根据的。在这个事件中他本身也不是没有过错。就在当晚早些时候，轮到他演讲时，他突然打嗝不止，只好与厄律克西马库交换了演讲次序，让后者先来，而后者也给了他专业的建议，通过打喷嚏和屏住气息来克服这个突发不适。这些措施的确有效，这从阿里斯托芬在这位医生结束其发言之后能够立刻对其演讲做出回应这一事实就可以看出来。厄律克西马库充满善意地询问他打嗝状况如何了，但是，阿里斯托芬的回答只能用粗鲁无礼的挑衅来形容。

> 当然停止了，不过是在采取打喷嚏疗法之后才见效的；他又补充说，这使我感到奇怪，为什么身体的完美和谐（厄律克西马库在刚刚发表的讲话中表达的基本观点之一）会需要这样撩痒来打喷嚏发出噪声呢；因为我刚开始打喷嚏，打嗝立刻就止住了。（189a）

在那个好心的医生的演讲过程中，阿里斯托芬大概一直在打喷嚏，现在又厚颜无耻地引用他自己的治疗作为证据，来反驳厄律克西马库发表的身体之和谐即是爱的赞美。也难怪，阿里斯托芬结束自己的演讲后，有些担忧地向医生瞄了一眼。因为在他开始演讲前，这位医生已经给了他适当的警告：

我亲爱的阿里斯托芬，你给我听好！你嘲笑我，你也将要发表演讲，既然你这么做，我也将不得不对你的话语做出评价，请确信你不会说出任何可笑之事（geloion），本来你可以安心发表你的见解的。（189a-189b）

尽管《会饮篇》的场景从一开始就是辩论型的，不同的发言者在赞美爱神时互相较劲，然而阿里斯托芬和厄律克西马库两人的交锋带有确定无疑的攻击性语气。接下去的演讲不仅是相互之间的竞赛，而且要直接针对那些听众，他们同时也是评判者：他们还会牵扯到演讲人的名望和地位。这就是为什么阿里斯托芬对厄律克西马库的警告做出的回应，尽管有些讽刺地半开玩笑半认真，却触及了问题核心的原因。

阿里斯托芬随即笑着（gelásanta）回答：说得好，厄律克西马库，就我个人而言，我收回我说过的话，就当什么也没说。不必提前对我说这样的话，因为我认为最终如何，不在于我想说的内容最终表明是可笑的（geloia），它们完全符

合真善美的标准，与我心中的缪斯一致，而在于它们就是荒诞的（katagélasta）。(189b)

但是，就算阿里斯托芬企图收回他说过的话，他必定清楚地知道——不亚于弗洛伊德——这样"收回"的尝试一定会留下痕迹。

虽然他这样选择厄律克西马库医生作为他优先指定的听众和评判员，他并非想借此取代另一位听众的评判意见，就像所有的诙谐一样，阿里斯托芬的诙谐成功与否也取决于这个人的裁决，而至少到目前为止，这位听众仍在静静地等待着轮到他出来发言。因为虽然阿里斯托芬冒犯并激怒了厄律克西马库，这位喜剧《云》（Clouds）的创作者完全知道，他最值得敬畏的对手并不是这位医生。不过，厄律克西马库提醒这位讽刺戏剧作家，同时也替仍处于沉默之中的苏格拉底说，尽管他努力想要收回他说过的话，他仍被认为需要对他的话负责：

厄律克西马库回答道，阿里斯托芬啊，现在你都这么做了，你觉得你能就这样轻松地甩掉它吗？说话要当心，任何人都必须对他所说的一切负责。(189b-189c)

让一个医生——厄律克西马库——首先出面来负责让惯于嘲弄人的阿里斯托芬遵守秩序，这并非偶然。从柏拉图时候开始直到当时，医生一直被认为是身体（自然）秩序的主要守护者之一，也因而被视为城邦秩序之典范。正是厄律克西马库首先提出，取消一贯以来的餐后娱乐、音乐等消遣，代之以严肃的演讲：

> 就这么定了……每个人愿意喝多少，就喝多少……我提议，请刚进来的女吹笛手离开，或者让她自个儿一边玩去，当然如果她愿意的话，可以为里屋的女士们演奏，今晚我们就用演讲来招待大家了。(176e)

就这样，女吹笛手被请了出去，只剩下男人们自己，开始严肃地谈论他们对爱的思考。唯一保持不变的，就是厄律克西马库继续负责以严肃性和责任感的名义要求阿里斯托芬遵守演讲规则。因而同样一贯地，阿里斯托芬也必须用一个道德寓意来总结他的演讲，以此消除他自己造成的其他人对他的怀疑。

但是，那个演讲本身内容是什么呢？我们想起来，阿里斯托芬在总结时强调它与厄律克西马库的表达非常不同；然而，他恰恰是以同样的方式开始给大家讲述的：

> 阿里斯托芬说，毫无疑问地，我打算从和你还有包萨尼亚（Pausanias）完全不同的途径来讲述我对爱的理解。因为在我看来，到目前为止人们根本没有认识到爱神的真正力量。如果他们已经认识到这种力量，他们肯定已经为他建造好了最宏伟的神庙和祭坛，献上了最丰盛的祭祀以表敬意。(189c)

阿里斯托芬宣称他打算以一种非常不同于前面的演讲者的方式来讲述，那是因为他确信其中存在着一个感知方面的问题：爱欲的真正力量尚未得到正确的认识，仍然有待揭示。因此，阿里斯托芬的演说的不同之处在于没有把爱欲视作理所当然、不言自明，而是把它当作一种人们仍然对其蒙昧无知的对象，一种他开始着手来纠正的严重问题。于是，阿里斯托芬重复了一下那位医生的姿态，但同时又扩展了它的涉及范围，使之适用于他和其他发言者们所谈论的内容。因为如果演说者知道他自己在谈论什么，那他只会对爱欲进行严肃的歌颂，不会有别的想法。阿里斯托芬坚持认为，这正是问题之所在。因而他的演讲既是启发性的又是教学式的："我也会尽量解释他的力量，你们听过之后都可以成为其他没听过我演说的人的老师。"（189d）因此，揭示爱欲的真正本性和力量，消除认识上的某种无知，这种教学意图可能就是阿里斯托芬的描述有着鲜明特质的原因，他描述了那些远古人类形象，并声称，那些人和我们今天看到的人类完全不同（all'alloia）。然而，正如我们已经评论过的那样，阿里斯托芬所指的这种不同与其说是本质特征上的，不如说是一种数量上的差异：可以说，是一种经济有效性的差异。如果我们仔细地看一下阿里斯托芬对那些双体人的描述，就会发现他们似乎非常相似：与我们，与他们自己，以及与他们的父母都很相似。

因为男性最初是太阳的后代，而女性则是地球的孩子，两性人则是月亮所繁育，月亮本身也是兼具两性特征的。他

们都是圆的并滚动前行，就像他们的父母那样。（190b）

双体人的世界也是一个充满相似性的地方，家庭还有其他地方都是如此；像他们的父母一样，他们也以滚动的方式移动，"做侧手车轮翻"，就像小孩"即使今天"仍在做的那样。如果我们将阿里斯托芬所说的双体人和《奥义书》中的Atman（自我）进行比较就可以看出，后者的孤独状态似乎从未存在于前者的世界中：由于从不孤单，他们从不需要创造另外一半。而且就算有一个开始状态，它也从一开始就已经是双倍的、重复的，到处都是重复和相似，来回绕圈：因为"他们都是圆的并滚动前行"——同时又只有一个头，"被朝向相反方向的脸共同拥有"。

他们处之泰然——他们真是这样吗？

这个故事的弗洛伊德版对于这一点的论述很奇怪地变得模糊不清：就是说，恰恰就是在这一点，在真正的故事中，可以说就是戏剧冲突开始上演——"Thereupon Zeus was moved…（于是宙斯为之动容……）"——的地方，出现了模糊叙述。其德语版描述则更具有暗示性："Da liess sich Zeus bewegen…（这让宙斯感到忧虑……）"但是，到底是什么让这位大神感到忧虑呢，是那儿（da）吗？尽管弗洛伊德的表达如此不明确，阿里斯托芬却并不这样。他所说的内容清楚表明宙斯有充分的理由为之动容。因为这些双体人开始对同一性感到厌倦，对车轮式来回绕圈感到厌倦，开始将目光转向头顶的天空："现在他们的数量和力量都非常巨大，他们的想法也极度膨胀，就像荷马（Homer）所讲述的厄菲亚尔特（Ephialtes）和俄图斯（Otos）那样，他们想入侵天庭，向诸神发起进攻。"（190b）弗洛伊德使用的"thereupon"一词，那个模糊而又有所指的"da（那儿）"，立刻从空间和时间上指出了某个遥远而又熟悉的欲望：努力想要越过人与天神、统治与被统治、他异与同一的界限的欲望。虽然弗洛伊德在他的解释中漏掉了让宙斯"感到忧虑"的慎重思考，但是阿里斯托芬并没有忘记：

> 因为不便于像对待巨人那样，将他们（双体人）全部杀掉，将整个种族灭绝，因为那就意味着失去人类对于天神的所有赞美和献祭；但又不能容忍其继续做出亵渎神明的行径。（190c）

宙斯的审慎考虑间接表明了弗洛伊德竭力想忽略不提的东西，即那个主导了Fort(ress)-Da！的法则，不是别的，正是经济性法则（oikos）：那个构成了自我这个机构的主要特征的、以占有和吸收同化为基本形态的经济性法则；简而言之，就是自恋经济。因此，在那个遥远的、和一切熟悉的事物完全不同的地方，我们又遇到了那个太过熟悉的东西：那种充满自恋色彩的努力——将他者安置在它该有的位置上，将他异性置于同一性的经济性法则下的努力。然而，这是一个更加难以控制的他者，因为这个他者已经成了同一性的一个翻版，在这种情况下，就有必要采取极端措施了。依照自恋经济学，必须改变他者，这正是宙斯设想的：

> 我想，我已经找到了一个办法，可以允许人类继续存在，并能迫使他们由于缺乏力量而停止犯上作乱。宙斯说，就目前而言，我将把他们全都劈成两半，一方面可以削弱他们，同时对我们更有用，因为他们的数量增加了，而他们将用两条腿直立行走。不过，如果我发现他们继续有亵渎神明的举动，不肯安静待着，我就把他们再劈成两半，让他们只能用一条腿跳来跳去，就像陀螺一样。（190c）

宙斯的策略无疑是明确而果断的：通过将双体人一分为二，增加了献祭人数同时又降低了危险，而且这一行为还可以再次实施。这也完全符合那个要求降低（未绑定）能量而增加绑定能量的经济性法则。虽然双体人的能量处于危险的不受约束状态，但可以说是通过一种镜像反射过程来回蹦跳冲撞，在这个反射过程中，同一变成了他者，他者变成了同一，宙斯的提议是创造出一种不同的形象，差异"本身"的形象。宙斯这样提议，但是具体处理这个过程的却是阿波罗（Apollo）——太阳神，即男性之父——因为宙斯切完第一刀，把人一劈两半之后，

> 他命令阿波罗把人的脸和只剩一半的脖子转过来，面向切口，让他看到自己被切开的身体，让他感到恐惧，从而更虔诚地奉守神明道德，然后让阿波罗缝好并治愈其他部分。（190e）

"总而言之（im letzen Grunde），肯定是我们的地球的历史以及地球与太阳的关系在我们身上留下了印记……"在这里，阿里斯托芬向我们讲述了这个印记的故事，它并非由心灵的创伤造成，而是肉体上的创伤遗留下来的；而且这些创伤，弗洛伊德和阿里斯托芬都很清楚，不可能在治愈的同时却不留任何伤疤。或者就像有着烧焦的外皮——结痂——的"囊泡"？或者说，最终阿里斯托芬并未标记这个集中了阿波罗从四周拽过来的所有皮肤末端而形成的一个单一、无法解开的结之所在。

> ［阿波罗］于是把人的脸转了过来，又把皮肤从周围拉过来，盖住今天我们称之为肚皮的地方，然后就像把布袋收口并拉紧绳子扎好那样，把四周的皮肤拽到一起，末端在肚皮中间打了个结，这就是我们今天所指的肚脐。至于产生的那些褶痕，阿波罗使用了一个类似于鞋匠用来去除皮革纹理的工具，去除了绝大部分，并塑造出胸部，只在腹部和肚脐周围留下一些皱纹，提醒我们不要忘记那起发生在远古时期的悲惨事件。（190e-191a）

那个肚脐被留在身上，皱巴巴的，像个结一样，破坏了身体的光滑表面，而这个身体，弗洛伊德知道，它就是自我的模型。[3]作

---

[3]　"自我……因此可以被视为身体表面在精神层面的一个投射。"（《自我和本我》，《标准版》第十九卷，第26页）

为自我这一机构的典范，这个身体的妥善处理由阿波罗——这个"太阳"，来自外部的干涉力量——来完成，同时他也干扰破坏了它的连续光滑形态，作为一个印记提醒我们不要忘记"那个远古的事件"。无论自我是如何经济节俭，它的"布袋"永远不可能被处理得完全密封平滑，因为就在那个一切指向其中的地方，我们发现了某个远古时期的创伤与努力抗争留下的伤疤和印记。宙斯和阿波罗对双体人的手术恰恰造成了这种努力抗争："一旦该双体人被切割成两半，每一部分都会极度渴望它的另一半，于是它们来到一起，将对方拥在怀里，相互挤压、缠绕在一起。"（191a）这些描述表明，就是在这个地方，弗洛伊德貌似找到了他一直在寻找的东西：生命是一种重复过程，源于试图再次回到先前的合体形态的倾向。就这样，他相信，他已经在这里找到了爱欲（Eros）起源。但在阿里斯托芬的故事中，还没有提到爱欲（Eros），而且有很充分的理由。因为在弗洛伊德看来就是爱欲的那种努力追求，在那个讽刺喜剧作家的描述中，只不过是一种以最纯粹的、最无法抗拒的形式呈现的死亡本能（Thanatos）。他说，被劈开成两半的躯体

> 互相缠绕在一起，除了渴望生长在一起，什么都不在乎，直至饿死，因为他们不愿意分开去做任何事情。此时，如果其中的一半死了，另一半还活着，活下来的这一半会找到另一个一半，拥抱……就这样直至死亡。（191b）

如果阿里斯托芬的故事到此结束，就像弗洛伊德的版本那样，那就根本不会有爱欲，只有死亡。故事就可能只是重复，或者更确切地说，是预先讲述了弗洛伊德的黑洞，那个难以被假设之光穿透的 da!（再现/在那儿）理论之堡垒，而且，最终什么也不会留下，甚至包括死亡本身。但阿里斯托芬继续往下讲述他的故事，正如弗洛伊德必须继续他的寻找一样。也可能正是继续讲述的内容给弗洛伊德提供了他如此强烈地想要得到的东西。因为阿里斯托芬讲述了又一个干涉故事，一个重新做出的干涉，旨在将那些垂死的身体从他们中解救出来，从他们哪怕是死也要重新结合、形成一个整体——简而言之，就是成为一个自我（self）——的渴望中解救出来：

> 因此宙斯怜悯他们，对他们做了另一种处理，将他们的生殖器官移到身体的前面，而不是像以前那样位于侧面，因为在以前他们不是通过互相交媾繁殖，而是在泥土里繁殖，像蟋蟀一样。而现在，他将这些部位移到前面，从而让他们可以互相交媾进行繁殖。（191b–191c）

这个第二次干涉并非只是重复第一次过程，它增加了一个新的动向：不再通过划分、切割和隔离，而是转移、错位、重新排列生殖器官，可以说，将复制行为放到了前面显著位置。只有通过这样的错位，通过一定的破坏，da!（再现/在那儿）的堡垒才最终地、无可改变地被突破了。在阿里斯托芬的故事中，也只有在这里，爱欲（Eros）才被最终确认："因此，从远古这一刻开始，爱就是人类生而具有的，它试图使人合二为一，治愈人类与生俱来的创伤。"（191c-191d）因此，从那一刻起，the da！is fort！（再现即消失）并非简单地就是那个已经失去的联体，或者是一个被强行分离的完整性，而是一种用另一种文字重新铭记下关于丧失和分离的诸多故事的破坏过程，在这个过程中，移位变成了性欲的"起源"。因为只有当这些器官被移位后，它们才能产生性爱，而不仅是死亡本能（thanatos）；只有在那时它们才会具有性敏感性：

> 因此，我们这里的每个人都是（原始）人类（双体人[anthropou symbolon]）的一半，因为我们就像比目鱼一样被切开，从一个变成了两个。因此每个人都总在寻找他的另一半。（191d）

对阿里斯托芬而言，这个充满情欲的、带有象征意味的努力看起来与那个渴望合为一体的、充满自恋的欲望永远不可能分开而独立存在；在他看来，该象征性努力也因而无法脱离自恋，无法脱离他者的某个特定的翻版。然而，他的故事同时也用难以磨灭的方式标明了该形象的位置和视觉特征，那就是脐，它提醒我们不要忘记发生在远古时代的那一次遭遇，或者说暴力事件，在那次事件中，太阳在我们身上留下了它的印记，有待我们去破译。

但是，留在那个我们尴尬地跨在其上，或者说陷于其中的未知所在的那个密码是什么？那个绑定了如此众多能量的大写字母X，这个既可以让超心理学的"方程"成立、又将它们置于怀疑之中的变量是什么？

简而言之，我们能否像弗洛伊德那样肯定（但绝非通过阅读他讲述的故事），我们知道故事在哪里结束，或者故事走向何方？神话在哪里结束，理论又从哪里开始？在任何情况下，两个相爱之人最难以说出他们真正想要什么：

> 因此，当一个人真正遇上了他的另一半，不管他是个恋童者还是其他人，双方都被彼此爱慕的情感所征服，抱在一起，不愿有哪怕是片刻的分离；而且那些终其一生生活在一起的恋人甚至无法说出想从对方那里得到什么。因为这几乎不可能在于享受情色上的欢愉……相反，很显然他们的灵魂需要别的某种东西，然而这种东西并不能用言语明确表达，只能予以含蓄地暗示。（192b–192c）

两个相爱之人不能明确地说出想从对方身上获取什么，因为他们想要的东西是如此的完全不同寻常，以至于只能通过另外的人把它讲述出来。似乎这就是为什么在故事的结尾，阿里斯托芬又讲述了另一个人的干涉的原因——或者它更像是个假设，一个突如其来地出现的假设，为了引导故事走向快乐结局。

假如，在他们相拥而卧时，赫菲斯托斯（Hephaistos）

出现在他们面前，手里拿着铁匠工具，问他们，嗨，你俩到底想从对方那里得到什么呢？假如他们不知如何回答，于是赫菲斯托斯又问，你们是不是想这样，尽可能多地拥抱在一起，永不分离，无论白天还是黑夜？如果这是你们的愿望，我可以把你们融为一体，这样你们就是一个人，而不是两个，你们就可以像一个人那样生活，像一个人那样死去，即使到地府里也是一个人。（192d-192e）

赫菲斯托斯，这位主管束缚与解脱之神④，总是以肩扛工具的形象出现，就像一个大写的"X"。他出现在这个故事场景中，以确保那两个恋人看上去如此想要的结合能够成功实现，同时也保证了这个故事寓意的正统性，这是阿里斯托芬和弗洛伊德都无法做到的。但是，尽管赫菲斯托斯就此给这个故事中那些交代不清的地方打了一个看起来还算干净利落的结，我们看到，那两个恋人继续保持沉默。由于他们无法说出他们想要什么，只能由赫菲斯托斯替他们说出来。因为他不但要提出问题，还要将对问题的回应强加于人，把他自己的答案假借那两个恋人之口说出，就像柏拉图借阿里斯托芬之口——至少弗洛伊德这样认为——说出自己的见解那样。那么，阿里斯托芬说出这个故事的真正意义了吗？

---

④ 见玛丽·德尔考特（Marie Delcourt）的《赫菲斯托斯，一个魔术师的传奇》（*Hephaistos, ou la légende du magicien*），巴黎，1957年。

> 听到这里，我们确信，（这两个恋人中）谁也不会拒绝这种帮助，或者表示他想要其他不同的东西，相反，他俩都确信自己听到的正是想听的话，是自己一直以来热切企盼的，那就是，靠近所爱的人，与之融为一体，合二为一。（192e）

在这里，阿里斯托芬是为柏拉图代言吗？为他自己，还是为那个替那两个恋人代言，以他们的名义说话的赫菲斯托斯代言？我们能肯定"他俩都确信自己听到的正是想听的话，是自己一直以来热切企盼的"吗？阿里斯托芬说，对于这一点，"我们确信无疑"，但那并不意味着，我们确信无疑的一切就是我们想听到的吧？

不管怎么样，那两个恋人一直保持缄默。必须有人代表他们说话；他们的沉默正通过某个叙述者之口，对我们诉说着什么，不过对这个叙述者的身份地位，我们开始感到越来越不确定：

> 因此，我们有理由担心，如果我们对诸神有所不敬，那么我们会被再次劈成两半，就像刻在墓碑上的侧身人像那样走路。我们被从鼻子正中位置剖成两半，就像是劈开的骰子，各自拥有其中的一半。（193e）

阿里斯托芬在此清楚地指出的，那两个恋人的命运，最终也就是我们的命运：他们给我们留下的印记，即太阳以及它与地球之间的关系、某个强大力量的暴力干涉留给我们的印记，就是一个讯号，一边是像那两个恋人一样充当符号表征，另一边是"被劈开的骰子"——雕刻在墓碑上的侧面像无声地表达了这一后果，我们被悬在之间的某个位置。该讯号让我们看到了我们所处的危险境地，像尼采笔下描述的"女性"那样，我们不应该是有深度的，甚至也不应该是片状的，而应该是缠绕扭曲的、变形的、有缺陷的。而且应该像赫菲斯托斯那样行动，我们应该还记得，他是希腊众神里面唯一跛行的。

或许不是别的，正是这一特征将这位主管束缚与解脱的希腊天神，大写"X"之承载者，与弗洛伊德联系在一起。在他的猜测之路《超越快乐原则》的最后，弗洛伊德做了如下总结：

> 这一处境关系到太多目前尚未能做出解答的问题。我们必须足够耐心，等待出现更深入的研究方法和机会。也许要随时准备放弃我们已经走了很久，但有迹象表明它并非通向正确终点的道路……而且，对于我们对科学认知的缓慢进展，我们可以用一首诗作为安慰：
> 我们无法飞过去，唯有跛行。
> ……
> 《圣经》告诉我们，跛行不是罪。

这一次，又是个诗人（吕克特[Rückert]）充满哲学意味的文字给弗洛伊德以安慰。抑或，在这儿，在他的猜测之路的结尾处，弗洛伊德真的只是把他当一个诗人来引用吗？因为，多年前，他曾经引用过同一个诗人，同一段内容，但那时候，他的精力更多地放在建构一架机械装置上，对死亡和反复则关注较少。那是一架看上去几乎随时会自动"飞起来"的机器，这架机器，或者更准确地说，这个自动装置（我们想起来，据说赫菲斯托斯就是自动装置的鼻祖）其实就是弗洛伊德详细阐述精神分析系统的第一次尝试。随着这项"工程"越来越接近尾声，弗洛伊德给他的朋友弗里斯写了一封信，描述了他的感受：

> 请您聆听一下我的诉说。在上周的一个晚上，在艰难的思考中，我感到痛苦和不适，但我的大脑最适于在这种状态下工作，突然间，障碍被清除，真相的面纱掉落，从神经官能症的各种细节，一直到意识的影响因素，都清楚地展现在我面前。一切都各就其位，如齿轮般吻合，让人觉得，就像一台准备就绪的机器，马上就可以自动运行起来。神经元的三个系统划分，能量的"自由"和"约束"状态，初始和次级过程，神经系统的主要和妥协倾向，关注以及防御这两个生物规则，性质、现实和想法的表征，心理——性组合的状态，压抑的性因素，还有意识作为一种感知功能的产生条件——所有这些都可以组合在一起并仍然有效。我简直无法控制自己，太令人高兴了。(《精神分析的起源》, p.129)

尽管几乎按捺不住自己的喜悦，弗洛伊德还是希望，在给他的朋友兼第一读者呈送他的"机器"的一个初稿之前，应该再等一等，因为它仍未完善。

如果等两星期之后我再跟你说，所有的想法就会清楚得多。但是只有在想要和你交流时，那些想法才会一开始就变得清晰了。否则可能就不会是这样了。现在我几乎没有时间给你做出恰当的解释。除非我能花上四十八小时和你只谈论这个，不谈别的，有可能做到这一点。但是那是不可能的。"我们无法飞过去……"（《精神分析的起源》，p.129）

由于这位备受青睐的朋友，兼"第一读者"兼"其他人的表率"不在身边，弗洛伊德转向那位诗人以寻求安慰。虽然这位诗人只是重复了《圣经》中的话，告诉他跛行并不是罪孽，但在1895年，弗洛伊德的动作远远超出了跛行的界限。相反，他在飞，而且飞得很高，"神经官能症方面的各种证据接踵而至，让我应接不暇。事情千真万确，不用怀疑"（《精神分析的起源》，p.129）。然而，1920年，由于没有了那位伟大的朋友的支持，弗洛伊德还是从诗人中寻求慰藉，并从神经官能症患者中寻找证据。而在那些患者的"移情"——确切地说，是他们拒绝认可——过程中，弗洛伊德似乎发现了隐藏在这种拒绝背后真正真实地发挥作用的机器，也就是强迫性重复这一本能驱动力，它自动运行，在某种程度上可以说在飞，以快乐原则的面貌在飞。这个精神分析的机器，尽管作为治疗手法可能运行起来步履蹒跚、很不稳定，但作为理论，作为猜测，却可以如飞一般，如果有必要的话。但是，就像自动机器一样，即使作为理论或猜测，它仍然需要从其他某个地方将它启动——一个开始，也就是前一个的结束——这样，弗洛伊德发现自己正走在一条通向完全不同的地方的路上，他认为在那个地方他能分辨出那个诗人兼哲学家的权威声音。

但如果他所发现的人物确实是一个"诗人"，那他不是哲学家，而是他们的对手，一个戏剧人物，一个具有荒谬感的讲故事的人。而且他讲述的传奇故事只是重复了弗洛伊德很久以前在别处曾经想过并写过的内容；虽然只是重复，但不可避免地也会有变化。

当这个喜剧作家讲述完他的故事，那个演员也发表了他的看法，终于轮到这个哲学家说话了。他允诺会讲述关于爱欲的真相，而不是简单地发表一下赞美：

> 我不应该再说些赞美的话了，就算我想说，也说不出来。真相在我讲述的内容中，如果你们愿意听的话，我可以告诉你们，但不是按你们的演讲风格，而是以我自己的方式来讲述，以免让自己显得很可笑。（199a）

像那个喜剧作家一样，这位哲学家也宣称他的谈话和别人不一样；而且像前者一样，也担心被人笑话。但这一次没有人会发笑。因为哲学家要说的内容与最严肃的东西，即真理有关。真理必须以它自己特有的方式来表达："你看看，斐德罗（Phaidros），不知道这样的谈话对你是否有用，你是否可以听一下关于爱欲的真理，不过这些话语多是即兴的，想到什么说什么。"这样宣示他的讲述的"基本原则"——这一姿态重复了，或者说预示了后来弗洛伊德的做法，也就是被当作精神分析中的"自由联系"之做法的依据——之后，苏格拉底继续往下讲，或者说，是复述了很久以前，当他还是个少年的时候遇见的一个妇女告诉他的一个故事。

当他复述完这个关于爱的故事之后，碰巧出现了一件奇怪的事：

> 苏格拉底说完之后，大家纷纷表示称赞；然而，阿里斯托芬还打算说些什么，因为苏格拉底在讲述过程中提到了他的发言。但是突然有人在敲院子外面的门，显得非常嘈杂，似乎有很多人在门口徘徊，还掺杂着那个女吹笛手的声音。（212c）